专利管理与
技术创新绩效的关联研究

Research on the Linkage between Patent Management
and Technological Innovation Performance

经济管理出版社
ECONOMY & MANAGEMENT PUBLISHING HOUSE

图书在版编目（CIP）数据

专利管理与技术创新绩效的关联研究/赵莉著 .—北京：经济管理出版社，2014.8
ISBN 978－7－5096－3151－5

Ⅰ.①专…Ⅱ.①赵…Ⅲ.①企业管理—专利—关系—技术革新—研究—中国
Ⅳ.①G306②F279.23

中国版本图书馆 CIP 数据核字（2014）第 112175 号

组稿编辑：申桂萍
责任编辑：杨国强
责任印制：黄章平
责任校对：超　凡

出版发行：经济管理出版社
（北京市海淀区北蜂窝 8 号中雅大厦 A 座 11 层　100038）
网　　址：www.E-mp.com.cn
电　　话：（010）51915602
印　　刷：三河市延风印装厂
经　　销：新华书店
开　　本：720mm×1000mm/16
印　　张：13.25
字　　数：203 千字
版　　次：2014 年 8 月第 1 版　2014 年 8 月第 1 次印刷
书　　号：ISBN 978－7－5096－3151－5
定　　价：42.00 元

·版权所有　翻印必究·
凡购本社图书，如有印装错误，由本社读者服务部负责调换。
联系地址：北京阜外月坛北小街 2 号
电话：（010）68022974　邮编：100836

前　言

专利在高新技术企业生产运营中的作用已由防御性手段转变为战略性工具。专利既是技术创新的产出，又是技术创新的资源投入。本书以高新技术企业作为实证研究对象，紧密结合中国高新技术企业专利管理与技术创新的现状，从资源观的视角出发并结合开放式创新环境，将专利作为技术创新的资源投入，深入系统地探讨专利管理与技术创新绩效的关联关系。本书在理论研究的基础上提出研究假设，构建专利管理与技术创新绩效的关联模型，开发测度指标。通过大样本问卷调查收集数据，运用 SPSS17.0、AMOS7.0 统计分析软件，对数据进行实证分析并检验理论模型，验证相关理论假设，揭示专利管理与技术创新绩效之间的关联机理。

第一，本书系统地梳理了国内外研究文献，结合高新技术企业的实际界定企业专利管理与技术创新绩效的内涵、外延，简要探讨高新技术企业的范围及特点。在此基础上，简述我国高新技术企业技术创新及专利管理的现状，揭示现阶段存在的问题，为二者关联及影响因素的分析奠定基础。

第二，以开放式创新环境下企业的技术创新为主线，深入剖析高新技术企业专利管理与技术创新绩效关联的影响因素。本书识别出影响二者关联关系的三个关键因素——开放度、持续创新能力与技术锁定，并从理论层面详细分析每项因素对二者关联关系的影响。

第三，在理论分析及前期研究基础上，从动态流程的角度构建专利管理与技术创新绩效的关联模型。根据大样本问卷调查数据，运用统计分析软件，进行探索性因子分析、验证性因子分析及信度效度检验，检验样本数据与模型的拟合。然后通过结构方程的构建与检验、层级回归分析，验证本书提出的研究假设。研究结果表明：专利获取对社会效益的正向影响显著，对经济效益的正向影响不显著；专利保护、专利商业化对经济效益的正向影响显著，对社会效益的正向影响不显著；专利获取对持续创新能力中的学习能力、R&D 能力和制造能力的正向影响显著，对资源配置能力、营销能力和制度能力的正向影响不显著；专利保护、专利商业化对持续创新能力的正向影响显著；持续创新能力各维度对技术创新绩效具有不同影响；技术锁定在专利管理与技术创新绩效之间具有显著的负向调节作用。

第四，依据理论研究及实证结果，总结归纳高新技术企业专利管理与技术创新绩效之间的关联：开放式创新环境下，在专利管理与技术创新绩效关联模型中，专利管理各环节对技术创新绩效均具有显著的正向影响，二者之间表现为全面关联。但在考虑持续发展的专利管理与技术创新绩效综合模型中，专利管理通过影响持续创新能力，进而影响技术创新绩效，二者之间表现为部分关联。

第五，根据实证研究结果，针对我国高新技术企业的现状，揭示本研究对高新技术企业专利管理和技术创新的启示性意义，为企业有效评估专利管理与技术创新绩效之间的关联提供参考。通过对关联影响因素的分析，能够加强高新技术企业对有效因素的利用及不利因素的规避，帮助高新技术企业认清每一环节的地位与作用，并有针对性地加强对不同环节的管理，为企业通过有效的专利管理提升技术创新绩效并合理规避技术锁定提供理论支撑和方法指导。

本书作为一项探索性研究成果，在阐述其研究局限性的同时，也对未来研究进行了展望，为专利管理与技术创新的后续研究奠定基础。本书的写作受到笔者的博士导师曹勇教授及聂鸣教授的指导，在此对他们表示诚挚的谢意。本书的出版得到了国家自然科学基金青年基金项目（71402180）、教育部人文社科基金青年基金项目（14YJC630205）江苏省教育厅高校哲学社会科学项目（2013SJD630124）的资助。由于作者的学识水平有限，本书的不足之处在所难免，书中的不妥之处请不吝指正。

赵莉

2014 年 4 月于徐州

目 录

第一章 绪论 ………………………………………………… 1

    第一节 研究背景及意义 ……………………………………… 1

    第二节 本书拟解决的关键问题 ……………………………… 4

    第三节 研究方法与框架结构 ………………………………… 6

    第四节 研究目标与内容 ……………………………………… 8

    第五节 本书的创新点 ………………………………………… 10

第二章 文献综述 …………………………………………… 13

    第一节 专利管理研究综述 …………………………………… 13

    第二节 技术创新绩效研究综述 ……………………………… 20

    第三节 技术创新中的技术锁定 ……………………………… 24

    第四节 专利管理、持续创新能力与技术创新绩效关系研究综述 … 26

    第五节 高新技术企业研究综述 ……………………………… 32

    本章小结 ……………………………………………………… 35

第三章 企业专利管理与技术创新绩效的内涵及现状 …… 39

    第一节 企业专利管理的概念 ………………………………… 39

    第二节 技术创新绩效的内涵与外延 ………………………… 41

    第三节 高新技术企业范围界定及特点 ……………………… 43

    第四节 高新技术企业技术创新及其专利管理现状 ………… 54

    本章小结 ……………………………………………………… 63

第四章 企业专利管理与技术创新绩效关联的影响因素 …… 65

第一节 开放度对二者关联的影响…… 66
第二节 持续创新能力对二者关联的影响…… 69
第三节 技术锁定对二者关联的影响…… 71
本章小结…… 74

第五章 企业专利管理与技术创新绩效的关联概念模型 …… 77

第一节 动态流程视角的专利管理与技术创新绩效关联机理…… 78
第二节 研究假设及理论模型…… 86
本章小结…… 98

第六章 企业专利管理与技术创新绩效关联的实证研究…… 101

第一节 研究对象的确定…… 101
第二节 研究方法论…… 102
第三节 探索性因子分析…… 114
第四节 验证性因子分析…… 122
第五节 结构方程模型检验…… 129
第六节 结果分析与讨论…… 147
本章小结…… 155

第七章 企业专利管理与技术创新绩效关联机理的启示及建议…… 157

第一节 理性的专利获取…… 157
第二节 全面的专利保护…… 160
第三节 积极的专利商业化…… 162
第四节 突破技术锁定中的"自我锁定"与"被锁定"…… 164
本章小结…… 168

第八章 结论与展望 …………………………………………… 171

    第一节 主要结论 ………………………………………… 171

    第二节 研究局限与展望 ………………………………… 175

附录一 企业专利管理与技术创新绩效关联研究访谈提纲 …… 179

附录二 企业专利管理与技术创新绩效关联研究调查问卷 …… 181

参考文献 ………………………………………………………… 185

第一章 绪论

第一节 研究背景及意义

开放式创新模式（Open Innovation）带来了企业管理模式和创新绩效衡量模式的变化，这种变化要求企业具有高效获取与整合内外部资源的能力。专利作为一种无形资产，既是技术创新的重要产出，也是技术创新的主要资源投入，更是企业必争的重要战略性资源。改革开放以来，我国经济得到快速发展，但在资源、环境等方面依然是传统的粗放型发展模式。为实现经济的可持续发展，转变经济发展方式，需要由过去的要素驱动转变为创新驱动，而专利在技术创新中具有关键性的作用。目前，越来越多的国家和企业已经意识到专利的重要性。随着时代的发展，专利权的功能已经从传统意义上的技术垄断工具逐渐转变成一种全方位的投资工具（黄良才，2008），其作用已从防御性手段转变为战略性工具（Macdonald，2004；刘林青、谭力文，2007）。

很多发达国家已将知识产权提升到国家战略的高度，我国在2008年颁布并实施了《国家知识产权战略纲要》，在此基础上，2010年《全国专利事业发展战略（2011~2020年）》也开始实施。由此可见，我国政府意识到知识产权尤其是专利在经济及企业发展中的重要作用。专利是企业提高持续创新能力、获取市场竞争优势的利器。世界知识产权组织（WIPO）中小型企业司的顾问Christopher Kalanje（2010）认为，当企业高层管理者没有足够的知识或能力制定专利政策和战略时，他们通常会认为专利的维护成本相当高昂，而将专利看做"鸡肋"；如果对专利进行有效管理，专利就能够成为企业获取利润的一个可靠而稳定的源泉。因此，基于资源基础观的视角，研究企业如何进行有效的专利管理，具有理论创新价值和现实指导意义。在理论和实务研究中，学者对于专利对技术创新的作用分析通常是一分为二的，这些研究主要在宏观和中观层面。尽管宏观和中观层面的大部分学者研究认为，专利制度设计的初衷是为激励和保护技术创新，但同时指出，强专利保护阻碍了技术创新的发展。因此，在企业层面探讨专利管理与技术创新绩效的关联关系，是理论界和实务界迫切需要厘清的问题。

世界知识产权组织 2007 年公布的全球专利合作条约（PCT）国际专利申请数据显示，2007 年，中国高新技术企业 PCT 国际专利申请数量增长迅猛，高新技术企业已成为我国 PCT 国际专利申请的主力军。2008 年，我国制定了《高新技术企业认定管理办法》和《高新技术企业认定管理工作指引》，这两份文件强调高新技术企业的认定应重点关注企业的自主研发、核心知识产权等无形资产的拥有及成果转化等内容。2008 年，中关村高新技术企业专利申请量超过 13000 件，同比增长 92%。以上数据说明，高新技术企业作为专利技术的主要开发者、拥有者和实施者，专利技术对其技术创新绩效必定有着重要影响。经济合作与发展组织（OECD）（1997）也认为，专利能够有效解释高技术企业创新绩效。Lichtenthaler（2009）在其研究中指出，研究技术战略和专利组合对企业绩效产生影响的文献大多是基于高技术企业进行的。所以，本书以高新技术企业作为研究对象，探讨企业专利管理与技术创新绩效的关联关系。

作为拥有核心技术和自主知识产权的高新技术企业，专利在其生产经营活动中的重要性日益突出，但专利数量多和质量高是否意味着良好的技术创新绩效？在建设创新型国家与实施知识产权战略的大背景下，提升自主创新能力，拥有自主知识产权，成为中国企业尤其是高新技术企业提高国际竞争力、增强竞争优势的必然选择。但高新技术企业的研发能力、创新能力如何通过专利提升创新绩效，这涉及专利管理的问题。陈劲和陈钰芬（2006）研究指出，专利只是一种手段，它只能影响企业的技术创新能力，而不会影响技术创新的结果。全球第二大通信设备商华为是一家技术型公司，但该公司认为比技术更重要的是管理。所以，专利作为企业的一种战略性资源，需要对其进行管理。专利管理不仅仅包括专利保护，它是与技术创新相关联的动态、复杂的系统过程。专利管理与技术创新绩效关联影响因素有哪些，专利管理如何影响企业的持续创新能力，专利管理与技术创新绩效关联主要体现在哪些方面，如何衡量、测度二者之间的关联程度，在二者关联程度高的行业、企业，如何有效引导企业通过实施有效的专利管理提升技术创新绩效，以上问题的探讨和解决，有赖于对企业专利管理与技术创新绩效关联关系的深入研究。本书的研究构思来源于 Narvekar 和 Jain（2006）在理论研究中提出的基本假设，即知识资本影响创新，创新结果又作用于企业绩效（见图 1-1）。

图 1-1　知识资本与企业绩效的关系

资料来源：Narvekar 和 Jain（2006）。

借鉴 Narvekar 和 Jain（2006）的研究启示，本书认为专利是知识资本的重要组成部分之一，而与专利关系最紧密的活动是企业的技术创新，进而会对企业的技术创新绩效产生影响。因此，本书的基本研究思路是专利管理影响企业的持续创新能力，并对企业的技术创新绩效产生直接或间接影响，同时还应该考虑二者关联中的其他影响因素。本书将专利作为企业在技术创新过程中的资源投入并进行动态、系统的研究，分别从专利的获取、保护和商业化方面探讨高新技术企业专利管理与技术创新绩效的关联，以期为我国高新技术企业有效进行专利与技术创新管理提供理论依据和现实指导。

本书具有以下理论和实践意义：

首先，融合资源基础观和开放式创新理论，从动态、系统、发展的视角研究高新技术企业专利管理与技术创新绩效的关联关系。本书丰富并扩展了原有理论的应用范围，更加贴合我国企业在全球经济一体化中面临的复杂的内外部技术创新环境,为深入理解专利与技术创新绩效的关系提供了一种新的研究思路。

其次,深入分析了专利管理与技术创新绩效关联的影响因素,包括开放度、持续创新能力与技术锁定;详细探讨了持续创新能力在专利管理与技术创新绩效中的作用、技术锁定在专利管理与技术创新绩效之间的调节效应。对二者关联影响因素的分析,有利于高新技术企业专利管理与技术创新绩效的有效关联,有利于企业在开放式创新环境下通过提升持续创新能力、突破技术锁定来实现高新技术企业良好的技术创新绩效。

最后,通过关联模型的构建与指标体系的开发,为高新技术企业客观地评价自身专利管理与技术创新绩效的关系提供依据,有利于高新技术企业有针对性地加强专利管理,从而提升技术创新绩效。

第二节 本书拟解决的关键问题

本书采用理论与实证相结合的研究方法,拟解决四个方面的关键问题:

一、高新技术企业专利管理与技术创新绩效的内涵界定及现状分析

本部分首先明确高新技术企业专利管理与技术创新绩效的内涵及外延,并探讨高新技术企业的范围界定及其特点。在此基础上,分析我国高新技术企业技术创新与专利管理现状,确定专利管理与技术创新绩效的具体内容。通过理论到实践的研究,揭示现阶段我国高新技术企业专利管理与技术创新存在的问题,为二者的关联和影响因素的分析奠定基础。

二、识别高新技术企业专利管理与技术创新绩效关联的影响因素

本部分围绕开放式创新环境下的技术创新主线,深入剖析高新技术企业专利管理与技术创新绩效之间关联的影响因素,辨识出影响二者之间关联关系的三大因素:即开放度、持续创新能力与技术锁定。本书先从理论方面详细分析每项因素对二者关联关系的影响及对二者关联影响的主要体现。

三、构建高新技术企业专利管理与技术创新绩效的关联模型及实证研究

本部分在理论分析及前期研究的基础上,从动态流程的视角构建企业专利管理与技术创新绩效关联的理论模型,提出研究假设,并开发二者关联的测度量表。然后根据问卷调查和访谈结果分析,运用统计分析软件,进行探索性因子分析、验证性因子分析及信度效度的检验,检验样本数据与理论模型的拟合。最后,通过结构方程的构建与检验、层级回归分析,验证本书提出的研究假设。根据理论及实证研究结果,归纳总结高新技术企业专利管理与技术创新绩效的关联机理。

四、高新技术企业强化专利管理与技术创新绩效关联关系的启示与建议

希望本书对中国高新技术企业的专利管理和技术创新具有一些启示性意义,为企业有效评估专利管理与技术创新绩效的关联提供一种参考。通过对高新技术企业专利管理与技术创新绩效关联影响因素的分析,并关注专利管理的不同环节,企业可以有针对性地加强对有效因素的利用和不利因素的规

避,从而为企业通过有效的专利管理提升技术创新绩效提供理论支撑与方法指导。根据实证研究结果,针对我国高新技术企业的现状,本书提出加强专利管理、提升持续创新能力、克服技术锁定的策略性建议。

第三节 研究方法与框架结构

一、研究方法

本书是基于一定研究基础的探索性研究,采用的主要方法有以下几种:

(1) 文献研究方法。收集、分析专利管理、技术创新与技术创新绩效等研究领域的国内外学术文献。通过文献搜集、分析和研究,掌握国内外最新研究动态,借鉴前人的研究思路和研究方法等,进而归纳各研究主题文献的发展脉络,发现文献之间的相互关系,并解释所发现的现象与规律,最终形成本书的文献综述。

(2) 逻辑研究法。运用逻辑研究法中的归纳——演绎。本书在分析专利管理与技术创新绩效影响因素的过程中用到了归纳法,在专利管理与技术创新绩效关联模型的构建中用到演绎法,并分别从两个方向进行分析和理论建构。

(3) 实证调研方法。为了揭示专利管理与技术创新绩效之间的关联关系,本书将研究对象锁定在中国高新技术企业,主要选取高新技术行业中的电子信息技术企业、节能环保企业、生物与新医药技术企业等。在结构化和半结构化实地访谈的基础上,进行大样本问卷调查,收集研究数据。基于本书的特点,确定以下几类人员作为调查问卷发放和个别访谈的对象:第一类是企业的研发管理者和知识产权管理者;第二类是产品经理;第三类是企业高层管理者;第四类是企业一线研发人员。

(4) 统计分析方法。本书利用探索性因子分析、验证性因子分析、结构方程检验、层级回归分析等统计分析的理论和方法，对收集的数据进行实证分析。从统计意义上检验通过逻辑分析研究提出的理论推断和研究假设，并对理论模型进行修正。

二、研究框架

第一，在现有的实践背景和理论研究基础上，通过收集整理和分析大量文献，归纳出本书的目的和意义，明确本书拟解决的主要内容和关键问题，确定研究方法和思路。

第二，在研究问题的框架内，清晰界定专利管理、技术创新绩效、持续创新能力、技术锁定等关键概念的内涵与外延，并简要描述我国高新技术企业专利管理与技术创新的现状。

第三，结合上述研究，识别影响高新技术企业专利管理与技术创新绩效关联的因素：创新开放度、持续创新能力及技术锁定等。

第四，在文献分析的基础上结合高新技术企业实地访谈，构建高新技术企业专利管理与技术创新绩效关联理论模型，提出研究假设，开发测度指标。同时，结合样本数据，进行实证研究，验证理论模型及研究假设。

第五，根据实证研究结论，提出我国高新技术企业提升专利管理与技术创新绩效关联的启示及策略性建议，并对全书进行总结与研究展望。

本书的技术路线图如图1-2所示。

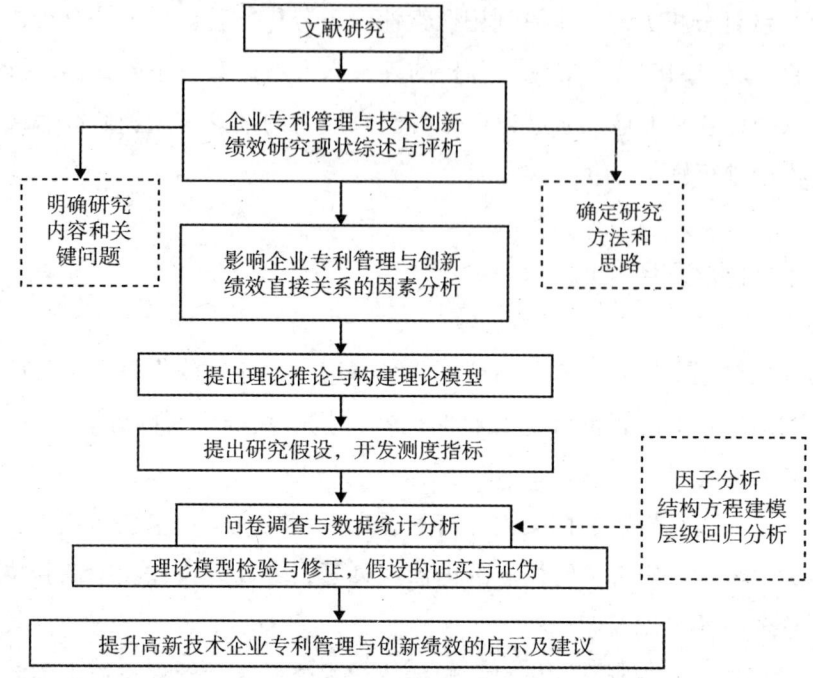

图1-2 本书的技术路线

第四节 研究目标与内容

一、研究目标

本书基于资源观的视角,融合开放式创新环境,以高新技术企业作为研究对象,围绕技术创新的主线,希望通过系统的理论研究和实证分析,明晰高新技术企业专利管理与技术创新绩效之间的关联关系。同时,深入剖析影响二者关联关系的主要因素,以指导企业加强不同环节的专利管理及合理利用有利因素规避不利因素,最终提升高新技术企业的技术创新绩效。

二、主要内容

为了解决本书提出的四个关键问题，在研究目标的指引下，本书的内容共分八个章节展开讨论，逐步深入。具体章节安排如图1-3所示。

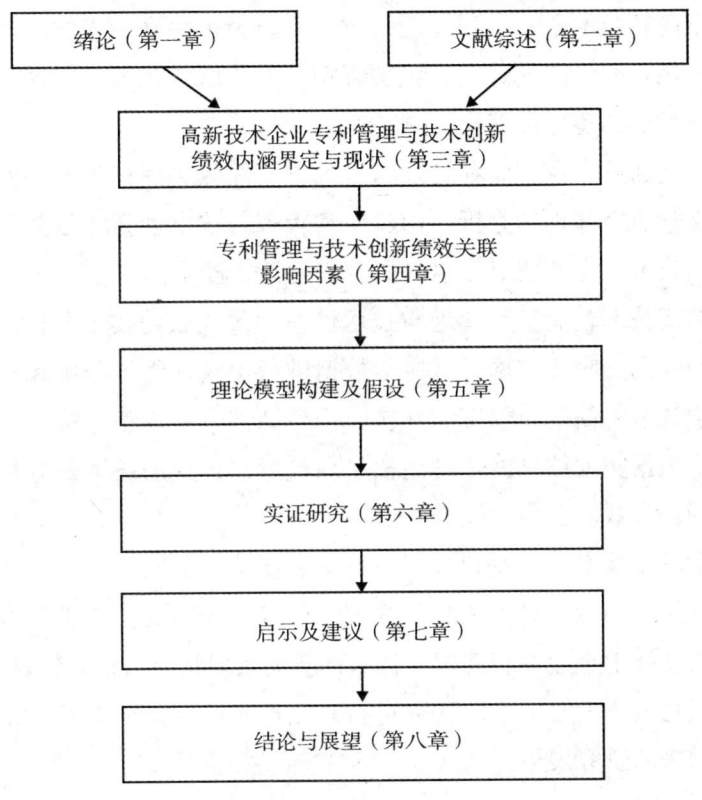

图1-3 本书内容的章节安排

第一章绪论部分。首先，阐述了本书的研究背景和意义，然后明确了本书拟解决的主要问题；其次，介绍了本书采用的研究方法和文章的框架结构；再次，描述了本书的研究目标和章节安排；最后，指出本书的创新点。

第二章文献回顾与评析。本章节着重于专利管理、技术创新绩效、技术锁定、专利管理与技术创新关系、持续创新能力及高新技术企业等关键理论的研究综述,并针对现有研究存在的不足、局限性进行评析。

第三章高新技术企业专利管理与技术创新绩效内涵及现状研究。在梳理专利管理与技术创新绩效研究的基础上,结合本书的特点,界定专利管理与技术创新绩效等关键概念的内涵与外延。在此基础上,简要描述我国高新技术企业技术创新及技术创新中的专利管理现状,为下一步研究问题的提出和理论模型的构建奠定现实基础。

第四章高新技术企业专利管理与技术创新绩效关联的影响因素分析。在文献研究和规范分析的基础上,识别影响二者关联关系的关键因素。本章研究为关联模型的构建提供理论支撑。

第五章高新技术企业专利管理与技术创新绩效关联理论模型的构建。通过前期的文献研究和理论分析,构建专利管理与技术创新绩效关联的概念模型,并指出技术锁定的调节作用,提出相关研究假设。

第六章高技术企业专利管理与技术创新绩效关联的实证分析。首先,通过大样本问卷调查收集数据,对样本数据进行探索性因子分析和验证性因子分析,检验数据的信度与效度。其次,构建结构方程模型,检验理论模型与研究假设,根据实证结果修正理论模型。最后,运用层级回归分析方法检验技术锁定的调节效应。

第七章高新技术企业专利管理与技术创新绩效关联的启示及建议。根据实证研究结果,揭示出对企业专利管理与技术创新绩效关联带来的启示,并针对我国高新技术企业专利管理与技术创新绩效现状提出策略建议。

第八章从整体上对本书的研究进行总结、归纳,指出本书存在的研究局限并指出未来的研究展望。

第五节　本书的创新点

本书具有四个创新点:

(1) 丰富并拓展了资源观和开放式创新理论的研究范围。本书基于资源观的视角并融合开放式创新理论，利用专利的技术创新资源投入特性，将专利管理看作动态、复杂的系统过程，深入探讨了专利管理与技术创新绩效之间的关联关系。理论研究发现：微观企业层面的专利管理与技术创新绩效之间的关联具有动态性、系统性，现有研究视角不应再局限于宏观层面专利保护与技术创新之间的静态关系。

（2）详细阐明了专利管理的概念和内涵。通过文献回顾和规范分析，首次提出了专利管理的划分方法，即专利获取、专利保护和专利商业化，并在前人研究的基础上结合本书特点系统地开发了专利管理的测度量表。

（3）辨识出了专利管理与技术创新绩效关联的主要影响因素，即开放度、持续创新能力与技术锁定。同时，提出了"技术锁定"因素对专利管理与技术创新绩效之间关系的调节作用，实证检验了"技术锁定"因素的调节效应。得出如下研究结论：技术锁定在专利管理与技术创新绩效之间具有显著的负向调节作用，即企业的技术锁定程度越高，专利管理与技术创新绩效之间的关联关系越弱。

（4）本书构建了高新技术企业专利管理与技术创新绩效关联理论模型。在理论研究的基础上，通过大样本调查问卷收集的数据，验证理论模型和研究假设，实证研究证实了专利管理与技术创新绩效之间的关联。得出以下研究结论：开放式创新环境下，在专利管理与技术创新绩效关联模型中，专利管理各环节对技术创新绩效均具有显著的正向影响，二者之间表现为全面关联；在考虑持续发展的专利管理与技术创新绩效综合模型中，专利管理通过影响持续创新能力，进而影响技术创新绩效，二者之间表现为部分关联。本书的研究结果为企业有效评估专利管理与技术创新绩效的关联提供了理论指导和方法借鉴。

第二章 文献综述

根据第一章明确的研究问题,本章对本书中涉及的相关理论研究进行系统梳理和综述,指出本书主题与现有研究之间的脉络发展关系,为接下来理论模型的构建和研究假设的提出提供理论支撑。第一,本章对专利管理的理论溯源、内涵、目的及作用进行系统回顾,并分别从资源观理论、交易费用理论、社会契约理论及技术生命周期理论四个方面追溯企业专利管理的发展;第二,梳理技术创新绩效的相关文献,明确了技术创新绩效的相关概念、测度评价、影响因素等研究内容;第三,归纳了技术锁定的相关研究;第四,对专利管理与技术创新绩效关系的相关研究进行综述,指出现有研究多集中在专利保护对企业技术创新的影响方面,辨识出专利的资源属性;第五,对国内外高技术企业的相关研究进行综述,归纳出学者研究的侧重点;第六,对现有研究进行简要的评述。

第一节 专利管理研究综述

企业专利管理既是一种企业行为,也是一种市场行为,是企业管理现代化的重要标志。企业专利管理是企业经营管理的重要方面,是企业经营管理系统的重要分系统,在企业经营管理中占据十分重要的地位。Hufker 和 Alpert (1994) 从管理的视角探讨了专利计划、专利实施和专利控制。梁峻齐等 (2009) 采用关键词和关键词群检索技术,对台湾专家学者研究专利的状况进行了详细分析,发现"专利管理"是高贡献度的专利作者常用的关键词。

一、理论溯源

（一）企业专利管理的管理学溯源：资源观理论

长期以来，战略管理领域都以"资源观理论"作为研究企业行为和绩效的基础，阐释企业存在差异的原因，探讨企业如何获取竞争优势（许冠南，2008）。"资源观理论"的核心内容强调企业异质性资源的获取、利用能够为企业带来持续的竞争优势，其理论起源可以追溯到1959年。Penrose（1959）在企业成长理论中首次将企业视为生产性资源的集合体，提出由企业自身资源所带来的生产性或潜在生产性服务的异质性赋予了其独特的特征。Barney（1991）的研究指出，资源和能力是成功企业保持产品差异性的主要因素。Barney 借鉴 Dierickx 和 Cool（1989）的观点，进一步研究指出，并非所有的资源都能为组织带来竞争优势，能够产生竞争优势的资源必须具备价值性、稀缺性、难以模仿性和难以替代性四个属性。Kline（2003）指出，无形资产在企业市场价值中的比重日益增加，平均比值在50%以上。当资源能够帮助企业抓住环境中存在的机会，或者帮助企业回避、抵消环境中存在的威胁时，这项资源就具有了价值性；而资源的稀缺性取决于它的供给多少而不是需求大小；难以模仿性取决于竞争对手能否通过外部购买或内部积累来获取与其具有同样特征的资源；难以替代性则取决于竞争对手能否获取其他资源，使它们能实施与本企业相同的战略（Barney，1991）。差异性是企业获取竞争优势的源泉。作为企业研发活动必不可少的专利，同样具有稀缺性、价值性、不可替代性和难以模仿性等特征，属于企业的优良资产。专利不仅可以发挥资产效应，而且可以整合有形资产以及其他无形资产，具有提效增值的功能（朱国军、杨晨，2006）。Macdonald（2004）认为，专利已从"保护目的"转变为"致富手段"，成为企业的一种战略性资源。Markman 等（2004）指出，专利是企业独特的、难以替代的资源，所以企业的竞争优势源于组织对专利的获取。李文鹣等（2008）更是在研究中指出，资源学派认为专利具有隔离机制，是企业形成竞争优势的基础，同时也是企业防止有价值的资源被竞争者模仿的工具。

资源观的动态发展：知识观与开放式创新理论。传统资源观所关注的资源往往局限于企业内部，很少考虑到企业外部的资源对企业竞争优势的影响。Prahalad 和 Hamel（1990）则指出，企业不仅要关注静态的资源，还应该关注不可模仿的技术、知识等相对动态的资源。在后来的研究中，学者们针对前期研究的不足，对"资源观理论"进行了延伸和拓展，从而出现了知识基础观和开放式创新理论。知识基础观认为，企业是具有异质性的知识体，其竞争优势源于对知识的创造、存储及应用（Kogut and Zander，1992；Conner and Prahalad，1996；Spender and Grant，1996），而专利作为企业异质性资源，也包括创造、保护及应用三个环节。开放式创新理论（Chesbrough，2003，2006）不同于以往的"资源观理论"将研究视角集中于企业内部，而是将企业置身于开放式创新环境中，企业在技术创新中不仅综合利用内外部资源，而且根据其发展战略将内部资源对外部开放。所以，企业不仅可以通过外部购买、许可等方式获得生产经营所需的专利，还可以将自身拥有的专利对外部转让或许可他人使用，从而获取最大的经济效益。

(二) 企业专利管理的经济学溯源：交易费用理论

关于专利经济学有大量的研究文献，这些文献的着眼点因作者研究视角的不同而呈现出差异。但从总体归纳来看，学者们所研究的问题根据博弈时序可划分为两个阶段：第一阶段，社会计划者如何制定专利制度；第二阶段，在特定的专利制度下，市场的微观主体如何进行最优化选择（寇宗来，2002）。第二阶段的主体通常是企业，企业的规模被确定为企业内部组织交易的边际费用等于市场上或另一企业组织同样交易的边际费用。如果某种交易在市场上完成的费用大于在企业内部完成的费用，那么企业就是比市场协调更有效率的调节机制，此时，交易就在企业内部完成；反之，交易就在市场上完成（Coase，1937）。所以，企业专利的创造、保护和应用（自主转化、转让、许可等）的选择，是基于该专利能为企业带来的边际效益。由于专利的私权属性，经济学家们从经验出发主要讨论以下两类交易成本：一类是由于产权主体不明导致租金耗散；一类是由于产权界定不明导致负外部性。专利权相关法律规章制度的出现，是为了解决上述两类交易成本、增进社会福利而设定的。不管经济学家们从哪个角度解释在没有产权或者产权界定不明时的效率损失，交易成本这个概念都能够把它们统一起来，从而建立起产权与交易成本之间的简单联系。二者之间的简单联系可以表述为：产权是一种降低交易成本的制度安排。因此，企业采取何种专利战略管理方式，受交易费用的影响。

（三）企业专利管理的社会学溯源：社会契约理论

知识产权制度被西方法学家解释为一种契约关系，即以国家面貌出现的社会与知识产品制造者之间签订的一项特殊契约，建立的是以知识的产权化为核心的一系列关于知识的创造、所有、使用之间应该遵守的行为和规则。专利制度作为社会计划者向潜在创新者提供的一种契约，其有效性的基础是创新者能够接受这样的契约（寇宗来，2002）。对于企业而言，需要考虑的问题是如何更好地利用该社会契约，从而获得最大的经济效益。但在专利制度的地域性及全球经济一体化、竞争国际化的背景下，企业需要遵守不同国家、地域、不同发展阶段的社会契约，社会计划者也需要积极地为本国企业谋取国际制度福利。

（四）企业专利管理研究的外延发展：技术生命周期理论

将技术生命周期（Technology Life Cycle，TLC）理论引入企业知识产权管理研究领域的是美国学者 Chesbrough（2006），他在研究中指出，目前很多企业采用"一成不变"的模式来管理其拥有的知识产权和各类技术。但技术的发展不是单一的、直线的，而是表现出周期性、波动性、阶段性特征的。不同的技术具有不同的特征，即使同一技术在不同的发展阶段也会表现出不同的特征。Chesbrough（2006）将一个完整的 TLC 划分为四个阶段：第一阶段，各种各样的技术进行竞争以获得市场的接受；第二阶段，获胜技术或"主导"技术确立市场地位；第三阶段，技术成熟；第四阶段，该技术开始过时，会逐步被其他新技术替代。他还指出，很多企业在其知识产权管理中忽略了两个重要问题：一是企业没有将知识产权管理与其所处的 TLC 阶段相连接；二是企业没有根据技术所处的不同生命周期阶段调整其知识产权管理方式。Cao 和 Zhao（2011）在此基础上进一步研究了企业在技术的不同生命周期阶段应该采取的知识产权管理方式。由于对 TLC 的研究一般是通过专利申请和专利活动的演化规律来体现的（Achilladelis et al.，1990；Achilladelis，1993；Andersen，1999；McGahan，2002），Haupt 等（2007）根据专利申请的授权情况划分 TLC 的各阶段。所以，无论是 Chesbrough（2006）还是 Cao 和 Zhao（2011）的研究，知识产权管理都是以专利作为主要研究对象的。

二、专利管理内涵

从战略的视角来看，专利管理是企业对不同专利战略的运用，包括市场战略、防御战略、合作战略等（Hufker and Alpert，1994）。谢科范和田汉梅（1995）从企业专利管理的层次出发而界定企业专利管理的内涵，即认为企业专利管理分为战略型专利管理、决策型专利管理和事务型专利管理。Teece（1986）和 Chesbrough（2003）认为专利是企业专属性战略的结果。林大器（1998）认为，专利管理包括产出及运用管理，产出管理是指企业如何运用内部或外部的资源（人力、金钱等）来产生专利；运用管理是企业如何运用专利防止他人侵权，或是如何运用专利与他人进行交互授权谈判。

有学者根据企业专利管理的具体工作内容进行界定，如冯晓青（2005）提出企业专利管理是企业专利管理机构与专利管理人员，在企业相关部门的配合与支持下，为企业贯彻国家专利制度，促进企业技术进步和创新，并提高企业经济效益而对专利事务进行的战略策划、规划、监督、保护、组织、协调等活动的总称，具体包括企业专利事务的管理、专利信息管理、专利法制管理等内容。邓恒（2006）认为，企业专利管理是围绕有关专利技术、专利申请、对员工的发明奖励、专利权的归属、专利权的运用、专利纠纷处理等内容。企业专利管理工作是围绕企业专利的申请、授权、保护、利用等方面所进行的工作。从内容上看，则涉及专利管理机构的建立与专利管理人员的确定、专利规章制度的建设、专利产权管理、专利信息管理、专利利益分配与奖励等内容。

从专利管理的作用方面进行界定，企业专利管理是一种全面的技术服务，包括专利信息分析、技术信息分析、专利计划、研发组织、申报、激励机制、法律服务等（唐顺良，2010）。企业专利管理工作，是对取得的专利进行分析，然后是将分析结果与产业链、价值链、产品结构及技术结构对应，再与公司的营业额和利润结构连接，确定核心技术与该专利的关系，从而了解该专利对公司的意义（周延鹏，2006）。专利分析也是学者研究新兴技术的主要途径（Nakagawa，2009），可以了解一个组织在研发中的行为（Tsuji，2002）。还可以看出一个企业在技术激变情况下如何进行技术选择，在技术激变程度低的情况下，企业通常会采用新技术提高技术进步，而在技术激变程度较高的情况下，企业通常采用旧技术以降低失败的风险。

三、企业专利管理的目的及作用

企业进行专利管理的目的是促进技术进步和创新，提高经济效益（冯晓青，2005）。付明星（2007）从宏观层面介绍了专利管理的作用机制、激励方式、作用范围、转化方式、信息扩散速度、国际化程度等方面的内容，认为专利管理的作用机制重点表现在专利的创造、运用和保护三个环节中，这三个环节共同构成一个有机的整体，实现技术创新成果的产业化和商品化，促进高质量的经济增长。时良艳（2007）探讨了技术集成创新中不同主体、不同技术状态下的专利管理问题，认为专利标准化策略是技术集成创新成果的最好模式。

Chen（2009）认为对专利进行管理，就是分析专利的市场价值。他以美国医药行业为例，通过定性定量指标的设置，研究了专利的市场价值，发现美国医药行业的专利引证与其市场价值之间存在一种倒"U"形的关系。专利引证可以用来说明专利价值和重要性的指标（Lin et al.，2007）。Somaya等（2007）从资源观的视角出发，认为企业的专利产出不仅依赖于R&D资源，还依赖于企业内部与研发相关的专利法律运用技能，这种内部的法律运用技能可以让企业有效识别专利的发明并进行专利申请。因此，专利不仅是一种创新结果，也是企业管理的一种手段。Hsu（2006）研究台湾的生物科技企业如何运用知识管理系统（KMS）进行专利管理，从而有效避免利益冲突，当公司需要保护 R&D 成果时可以确保快速出版，提高了竞争优势。目前，我国企业专利管理存在的主要问题是：企业专利管理机构和专职管理人员缺失；积极有效的企业专利管理相关规章制度缺失；企业专利管理意识缺失；企业专利管理激励机制缺失（孙国辉、祁雁辉，2006）。

四、研究述评

本部分从管理学、经济学及社会学的角度对专利管理进行理论追溯，内容涵盖了"资源观理论"及其动态发展的知识观、开放式创新理论、交易费用理论、社会契约理论及技术生命周期理论。在此基础上，归纳了不同学者对专利管理内涵的认识及企业进行专利管理的目的、作用。"资源观理论"在企业专利管理领域的应用体现在："资源观理论"认为企业通过对异质性资源的获取和利用能够得到持续的竞争优势。专利作为政府授予所有者一定时期的独占权，企业一旦拥有某项专利的所有权，其他任何企业和个人不得就同一主题申请相同专利，所以，专利体现出排他性、创造性、新颖性和实用性的特征。专利作为企业的一种无形资产，其特性决定了对其管理的特殊性，交易费用理论则可以用来解释企业采取不同专利获取或转化方式的根本性原因。社会契约论认为专利制度是社会计划者向潜在创新者提供的一种契约。技术生命周期理论是一种成熟的理论，但在知识产权管理领域引入技术生命周期理论是美国学者 Chesbrough（2006）在其专著《开放式经营——创新获利新典范》中首次提出的。他认为，企业应结合不同技术生命周期阶段的特点，采取相应的知识产权管理方法，这里的知识产权管理主要是专利管理。

专利管理的内涵主要有基于战略视角、具体工作内容和专利管理的作用等界定方式。具体来看，根据专利管理作用进行定义的方式也主要围绕企业的专利管理工作进行界定。因此，专利管理内涵主要涉及战略形式、专利人员、专利制度、专利申请、专利授权、专利保护和应用及专利分析等。其中，专利分析有助于企业确认核心技术，进而与研发、市场、结构相对应，这有利于提高企业的创新绩效。企业进行专利管理的目的,是为了促进创新和技术进步,并提高企业的创新绩效。

通过对现有文献的归纳和梳理,发现现有研究存在以下不足:

第一,对专利管理的研究缺乏系统的理论框架。"资源观理论"认为,专利作为企业的一种资源可以为企业带来竞争优势,该理论仅将专利作为无形资产的一种类型,而作为资源投入的一种客体,专利管理是包括主体与客体相互作用的动态形式。如何从资源观的视角,结合专利管理的特点,进行动态、系统、全面的研究,是现有研究中所欠缺的。一些学者从战略类型、具体事务内容等方面界定专利管理内涵,但这些界定方式,主要是静态的分析和内容的列举,难以体现企业专利管理的动态性、全面性。随着社会的发展,专利管理的内涵是不断充实和变动的。关于专利管理的研究,主要是基于理论层面的定性辨析式研究和探讨,定量的实证研究较少。

第二,尽管技术生命周期理论能够体现专利管理的动态性,但由于一项技术通常包含多项专利,而每项专利的地位、法律状态和作用都是不同的。因此,从技术生命发展的角度管理专利,对企业的专利管理水平要求较高,还必须结合专利的经济特性和法律特性。目前研究大多局限在对单个专利作用与价值的衡量,基于技术生命周期的视角研究企业专利管理,还有较大的提升空间。

综上所述,目前对专利管理的研究远未成熟,仍有很多问题尚未明晰,学界还需要进一步的深入研究以提供规范的理论框架。

第二节 技术创新绩效研究综述

通过对现有技术创新绩效(Technological Innovation Performance,TIP)相关研究文献的梳理,发现目前研究主要集中在技术创新绩效的概念与内涵界定、评价指标以及技术创新绩效的影响因素分析三个方面。

一、技术创新绩效的概念与内涵

关于技术创新绩效的概念,目前学界尚未形成完全一致的观点。国内外研究对这一概念的理解主要集中在技术创新的投入产出效率或技术创新活动的产出对企业产生的影响方面。国内首次提出技术创新绩效概念的学者是高建和傅家骥(1996),他们在研究中指出,技术创新绩效是企业技术创新过程的效率、产出的成果及对商业成功的贡献。研究者基于不同的研究需要和研究视角,通常将企业创新绩效划分为经济效益、社会效益(单红梅,2002;陈仲伯,2003)、产品创新绩效、学习绩效(魏诗洋,2007)、产品绩效、工艺绩效(Cockburn et al.,2010)、技术创新产出绩效和技术创新过程绩效等(高建等,2004;陈劲、陈钰芬,2006)。国外学者Hagedoorn等(2003)认为,创新绩效一般是指对企业知识应用和技术创新活动效率和效果的评价,创新通常与技术有着密切的联系,拥护新技术的企业与抵制新技术的企业在绩效方面通常存在明显差异(Hopkins et al.,2010)。因此,创新绩效主要是指技术创新绩效。技术创新绩效存在广义和狭义的概念,广义的技术创新绩效概念涵盖了从R&D到专利和新产品发布所有阶段的衡量(Hagedoorn and Cloodt,2003),显示了技术创新从概念形成到创新成果引入市场的完整路径(Ernst,2001)。Leten等(2007)的实证研究证实企业层面的技术多样性与技术创新绩效之间存在倒"U"形关系。因此,技术创新绩效更多地依赖于有效的创新管理,管理者需要持续不断地识别、开发、保护与配置资源及能力以获取持续竞争优势。狭义的技术创新绩效指企业将创新成果引入到市场的程度、新产品数、新工艺或新设备的开发等(Hagedoorn and Cloodt,2003)。

二、技术创新绩效的评价指标

关于技术创新绩效的评价指标研究,大部分文献立足于行业、区域的中观层面,从投入产出(尹建海等,2008)、开放式创新环境(Lichtenthaler,

2009)、技术转移（Guan，2006）、技术溢出（Liu，2009）、创新与学习（Chiesa et al.，2009）等角度进行指标体系的设置与评价。Cooper 和 Kleinschmidt（1987）认为，机会窗口、市场份额和财务绩效等可以用来衡量企业的技术创新绩效（Calantone et al.，1996；Sixotte and Langley，2000），同时技术创新绩效还可以用新产品数、专利数、工艺创新数量、技术诀窍数、技术重复使用率、创新产品销售比率、市场占有率、创新率、创新能力、创新产品成功率等细化指标来衡量（Cooper，1994；Drew，1997；Lynn，2000；马宁等，2000；吴贵生，2003；官建成，2004；Lin and Chen，2005；Guan et al.，2009）。Yam 等（2011）则认为，财务指标是衡量任何形式的创新绩效的最佳选择，所以，他们在研究中采用销售绩效来衡量企业的技术创新绩效，销售绩效指企业采用新技术或改进技术的产品近三年销售收入占总销售收入的比例。

现有文献研究技术创新绩效，采用的方法主要包括 DEA、结构方程模型、模糊综合评价、计量经济学的回归分析等（王西京等，2009；Yam et al.，2011）。在国内大力提倡自主创新的环境下，国内学者对技术创新绩效的研究开始从宏观层面定性研究转向微观层面定量研究。尽管学界对于专利如何衡量技术创新绩效存在争议，但普遍认为，在高新技术领域考察技术创新绩效时应体现出专利的作用（Arundel and Kabla1，1998；Mansfield，1986；Guan et al.，2009；Zhang and Rogers，2009；Yam et al.，2011）。

三、技术创新绩效的影响因素

企业技术创新绩效的影响因素包括知识产权、技术多元化等技术因素和人才、市场、领导风格、战略、组织、文化、科技政策等非技术因素（Prajogo，2006；官建成、陈凯华，2009），其中，组织的结构和规模均对技术创新绩效具有影响（Teece，1992；Damanpour，1996）。越来越多的研究者认为，社会资本影响高新技术企业的技术创新绩效（张鹏，2009），社会资本是企业通过社会关系网络得到的实现其发展目标的有形资源或无形资源（Leenders and Gabbay，1999）。而在开放式创新环境下影响企业技术创新绩效的因素主要包括外部知识源、内部资源、吸收能力、公共创新支持等（George and Zahra, 2002; Roper et al., 2010），Ahuja（2000）、George 和 Zahra（2002）的研究揭示了企业之间的技术联盟对技术创新绩效具有显著影响。Laursen 和 Salter（2006）以英国制造企业为例，实证分析了企业创新开放度对技术创新绩效的影响，并将企业在技术创新活动中利用外部创新源的数量称为企业创新开放度。陈钰芬和陈劲（2008）则深化了 Laursen 和 Salter（2006）对创新开放度的研究，从开放的深度和广度两个方面测度企业创新开放度，并分析了不同产业企业的创新开放度对技术创新绩效产生的影响。企业技术创新过程中，外部搜寻的深度可以促进其渐进性技术创新绩效，而搜寻的广度可以提升企业根本性创新绩效。由此可以看出，企业的外部搜寻策略非常重要（Chiang and Hung, 2010; Sofka and Grimpe, 2010; Lichtenthaler, 2010）。

四、研究述评

关于技术创新绩效的研究已经比较成熟，学者根据不同的研究视角，选取不同的绩效衡量方式。通过对现有技术创新绩效研究文献的梳理发现，对技术创新绩效的衡量既存在单一指标的衡量方式，也存在多指标的衡量方式。单一指标只能反映技术创新绩效的一个方面，在实证研究中需要采用多个指标衡量技术创新对企业技术创新绩效的影响。但总体来看，现有的技术创新绩效衡量，通常偏向财务指标，很少涉及无形资产尤其是专利等指标的设置。研究中采用财务指标衡量创新绩效的原因有两个：一是财务数据比较容易获得，相对精确；二是企业作为经济组织，赚取经济利润是企业经营的首要目的。但财务指标是结果导向型的衡量方式，会导致企业忽视对技术创新的过程管理，有可能造成公司技术创新的短视行为，即只注重短期的经济效益，而忽略了长远的技术研发投入。

在开放式创新环境下，影响企业技术创新绩效的因素是多样的。在Chesbrough（2003）提出开放式创新理论以前，学者对技术创新绩效的研究主要关注企业内部的因素，如资金、人才、组织、文化等；自开放式创新理论出现后，学者在技术创新绩效的影响因素研究中日益关注企业外部因素，包括外部创新源及企业的外部搜寻行为等。

为了反映高新技术企业技术创新的持续发展能力和对社会产生的贡献，体现其作为经济法人应尽的社会义务，本书在文献分析的基础上结合高新技术企业特点，从经济效益（Cooper and Kleinschmidt, 1994；单红梅, 2002）和社会效益（单红梅, 2002；尹建海, 2008）两个维度衡量企业的技术创新绩效。

第三节　技术创新中的技术锁定

一、技术锁定

关于技术锁定的研究体现在三个层面：

首先是宏观层面，制度学家们利用技术锁定解释制度僵化带来的危害（Djelic and Quack, 2007；Morgan and Kubo, 2005；丁重、张耀辉, 2009），如丁重和张耀辉（2009）研究了中国特色"低技术锁定"产生的根本性原因。由于对垄断厂商在制度和政策上的扶持，从而削弱了非垄断企业创新的动力，最终使得技术创新对经济增长的贡献减弱。

其次是中观层面，经济学家主要采用技术锁定解释次优技术选择的结果，如 Arthur（1989）在其研究中对比分析了在收益递增、递减和不变状态下的技术所占市场份额的动态性变化，尤其关注了收益如何影响技术预测、技术效率、技术弹性和技术演进，并分析了在何种条件下技术市场会被低水平的技术锁定。姜劲等（2006）指出，技术锁定带来的技术依赖会造成技术创新的低效率。典型的技术锁定案例如 QWERTY 键盘（David, 1985）、录像机 Sony Betamax 制式和 VHS 制式之争（Arthur, 1990）、核反应堆采用非优的轻水反应堆技术（Cowan, 1990, 1996）、美国制糖业使用的技术（Krueger, 1996）等都充分说明了技术创新锁定于现有非优的、低效率的技术，并最终导致该技术路径上创新的低效率（Balmann et al.，1996）。Castellucci 等（2009）认为，技术锁定意味着一旦选择了某个特定的技术路径，转换到其他技术的障碍会比较大。

最后，近年学界开始关注微观层面的技术锁定，他们从动态能力的视角研究指出，技术锁定有利于企业竞争优势的提升，但也会带来组织僵化（Eisenhardt and Martin，2000；Helfat and Peteraf，2003；Sydow et al.，2009；Vergne and Durand，2010）。

Rosenberg（1982）指出，现代复杂技术被采用得越多，获得的经验也越多，其得到的持续改进的机会也越多，市场对其依赖也越大。因此，与之相竞争的其他技术会逐渐淡出市场（Arthur，1989），形成技术锁定（Lock-in）现象。Vergne 和 Durand（2010）在大量前期研究成果的基础上，指出狭义路径依赖在两种情况下（偶然性和自我强化）表现出随机过程的特性，并在缺乏外部突变事件的情况下形成技术锁定。路径依赖是技术锁定产生的原因，技术锁定是一种均衡状态，且被外力改变的潜力非常小，由于技术锁定是偶然性的概率事件，因而，根据初始条件进行路径依赖预测的难度非常大（Vergne and Durand，2010）。

企业在某一领域获得的专利越多，对该领域的技术依赖也越高，从专利引证指标中可以看出企业间技术的关联程度。技术独立性的数值越高，表明该企业独立研发能力越强，而技术独立性数值越低，表明该企业技术研发路线与其他公司的研发路线相似程度越高，发生专利侵权风险的可能性越高。同时，根据专利引证还可以看出企业对该技术的依赖程度，而技术依赖型企业面临专利侵权诉讼的风险也较高（王珂，2011）。专利地图是企业专利情报分析的一种辅助性工具，从专利地图中可以清晰地看出技术的发展路径，并预测技术的变化和未来可能的发展趋势（董菲等，2007；Lee et al.，2011）。因此，通过对专利数据及运用的分析，能够推断出企业的技术路径依赖及由此形成的技术锁定。

二、研究述评

通过对现有研究文献的整理发现，大多数学者通常认为技术路径依赖情况下产生的技术锁定是不利于技术创新的，尤其从长远来看，对单个企业和社会都会产生负面影响。在企业技术创新过程中出现的技术锁定，会影响专利管理与技术创新绩效之间的关系。目前文献主要是基于宏观层面的研究，探讨技术锁定对经济发展和社会技术进步产生的影响，微观层面的研究则主要侧重技术锁定对组织结构及竞争优势的影响，也有部分研究涉及技术锁定与创新绩效或技术锁定与专利关系的研究，但尚未出现在微观企业层面关于技术锁定对专利管理与技术创新绩效关联关系的影响的研究，更没有基于企业角度的技术内部锁定和外部锁定的研究。因此，基于微观企业层面探讨技术锁定对专利管理与技术创新绩效关系的影响，正是本书将要探讨的问题。从企业层面来看，技术锁定是一把"双刃剑"。如果该企业的技术在市场中形成技术锁定，能够形成企业的竞争优势，则对该企业是有利的。但从长远来看，技术锁定又会影响企业的创新积极性，如果出现替代性技术或新技术，该企业有可能处于被动地位。如果该企业所在行业的技术被其他企业锁定，该企业要么采取跟随战略，要么突破该技术锁定，开辟新的技术市场，但这通常是很困难的，尤其对于发展中国家的后发企业而言。

第四节　专利管理、持续创新能力与技术创新绩效关系研究综述

一、专利管理与技术创新绩效

关于专利管理与技术创新关系的相关文献，主要从专利保护、专利制度

设计与技术创新之间的相互关系等方面进行研究，研究结论可以归纳为正反两方面的观点：一方观点认为，专利保护可以促进企业乃至整个社会的技术创新，专利权是对技术创新的一种激励措施（王西京，2009；Czarnitzki et al.，2011）。从历史上看，知识产权的产生，在保护科技发明者的权利、鼓励发明或科学发现、推进社会文明进程等方面，都曾起到较为显著的作用。OECD（1999，2004）在国家创新系统的研究中指出，专利制度在激励创新、技术扩散和公司产出方面扮演着日益复杂且重要的角色。知识产权为技术创新企业提供一些合法权利以阻止技术创新过早或过快地被全社会模仿和吸收，从而激励和推动着技术创新，保障了创新者的利益，对技术创新的不利后果有着防范与规制作用（Bader，2007；尚勇等，1999；陈海秋等，2007；姚臻，2002；袁晓东等，2002）。因此，以上学者主张加强专利保护。

另一方观点认为，从长远来看，专利保护不利于整个社会的技术进步（Lall，2003；Hurmelinna et al.，2007），专利保护的加强，强化了权利所有者的垄断权，产品使用的垄断技术越多，成本就越高，这是导致很多创新最后失败的原因（Furukawa，2007）。Hideo（2009）认为，通常情况下加强专利保护不会刺激技术从发达国家转向发展中国家。所以，专利保护在激励创新的同时在某种程度上也阻碍了创新的进化，而且专利强保护拉大了发展中国家与发达国家的技术差距（Pineda，2006；Chen and Thitima，2005；Legre，2005；Patrica，2005；吴汉东，2005），增加了发展中国家模仿和创新的资源消耗，延长了技术的生命周期。这个传导机制又会影响到发达国家的技术进步，从而最终影响整个人类的技术进步（Glass and Saggi，2002）。因此，这些学者主张专利弱保护。

知识产权的存在有其必然性，Prabuddha Ganguli（2000）和 Borg（2001）等分别从技术创新、市场拓展和组织构造等角度研究知识产权与企业核心能力的关系，结论是以专利为核心的知识产权是企业核心能力评价指标中非常关键的指标。周寄中等（2009）认为，"技术创新与知识产权联动"就是企业竞争力。目前，学者开始从现实发展的角度考虑，从定性、定量方面研究知识产权与技术创新之间的联动关系，不再刻意强调专利的强保护或弱保护，而是根据不同国家、不同发展阶段、不同行业企业而体现出研究的差异性

（周寄中等，2009；曹勇等，2009）。

早期的研究（Mansheld，1968；Scherer，1965；Schmookler，1966）认为，较高的技术创新资源投入（R&D 资金投入，R&D 人员投入等）可以加强科技竞争力，促进专利技术的产生。研究专利管理与技术创新绩效之间的关系，首先应从概念上厘清发明、专利与创新之间的区别与联系（见图 2-1），Ernst（2001）通过图表清晰地描述了专利与创新的关系。由此可以看出，研究专利与技术创新绩效之间的关系，就是研究图 2-1 中的阴影部分对企业技术创新绩效的影响。Chen（2010）从专利创新的视角，研究了在相同外部竞争环境下的中国台湾和韩国 IT 企业绩效产生巨大差异的原因。Ernst（2001）指出，企业的专利活动会使其创新绩效产生变化，Carolan（2008）研究认为专利的获取及实施会影响企业技术创新绩效。刘小青等（2010）指出，专利活动对企业绩效的贡献是通过技术创新过程实现的。曹勇和赵莉（2011）认为，企业专利管理与技术创新绩效存在耦合关系，影响二者之间耦合的因素包括资源配置能力、成果保护能力、商业化能力和开放式创新能力四个方面。因此，专利管理与技术创新绩效的耦合效果会受企业综合能力的影响。

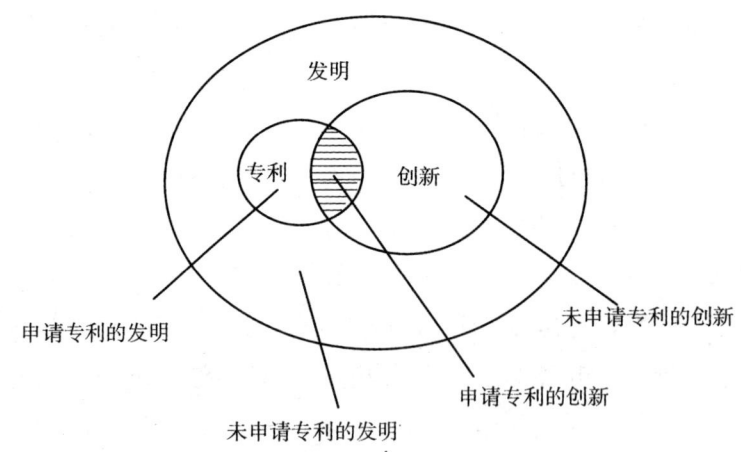

图 2-1　发明、专利与创新的关系

资料来源：Ernst（2001）。

Guo 和 Trivedi（2002）研究了专利数量与 R&D 支出之间的关系，Allred 和 Park（2007）在其研究中指出，关于专利保护与技术创新之间关系的理论和政策探讨非常多，但是关于二者之间关系的实证研究十分缺乏。Wang 和 Song（2008）研究了专利组合管理与技术创新绩效的关系，并将专利组合管理分为管理系统（组织、制度、资金和员工）和管理过程（专利数据库建立、专利分析、专利组合分析和动态监控）。Cavaller 和 Namsi（2008）认为，无形资产和智力资本的测量和评估在企业绩效中具有重要作用。Chen 等（2007）开发了新的专利指标评价企业技术创新竞争力，包括核心专利索引（Essential Patent Index，EPI）和优质技术强度（Essential Technological Strength，ETS）。Lin 等（2007）通过专利文件摘要建立简单的回归模型预测专利引证，这一模型可以作为高新技术企业绩效评估的补充方法。Lin 和 Lee（2010）通过专利数量和专利引证研究产业结构与技术创新绩效之间的关系，发现技术创新绩效和所在的技术领域、多年的专利增长率、平均引证数有关。创新绩效中体现专利贡献的指标设置在很多研究中也有涉及，但因研究目的的不同，针对专利管理中专利指标的整体性、结构性、关联性尚缺乏有效联接，很难作为企业进行整体决策的依据（梁峻齐、阮明淑，2009）。

二、持续创新能力与技术创新绩效

持续创新（Continuous Innovation）概念源自熊彼特的企业持续技术创新的思想。熊彼特（1912）在其专著《经济发展理论》中，描述了自由竞争时期的创新景况：在循环流转的均衡状态中，某位企业家敏锐地洞察到了创新的机会，大胆实施创新，从而获得超额利润。紧接着就会出现许多模仿者，于是，企业家的超额利润逐渐缩小至零，企业再次进入均衡状态。然后，又会出现新的企业家再次通过创新打破原有的均衡状态。这一"均衡—动荡—均衡"的动态过程不断循环往复。熊彼特在其 1942 年出版的《资本主义、社会主义和民主主义》中，又提出了一个当代市场经济中的创新景况：技术来自于企业内部研发；成功的技术创新使企业获得超额利润，企业因此得以壮大，从而形成暂时的垄断；大量模仿者的加入削弱了垄断者的地位，超额利润消失；新的技术再次出现。综上，熊彼特肯定了现代大企业能够也必然不断创新的事实。熊彼特虽然提出了企业持续创新的思想，但并没有明确提出和使用"企业持续创新"这一概念。V. K. 纳雷安在《技术战略与创新》中指出，"持续获得和使用技术（知识、观点和技能）都将成为持续创新组织的核心特征"。此后，国内外关于持续创新和持续创新能力的研究增多。

Bessant 等（1994）认为，持续创新是公司广泛集中参与的过程和持续的渐进性创新。Boer 等（1999）指出，持续创新以持续改进公司的绩效为目的，是一种有计划、有组织、系统性的过程，而且是渐进性的、全公司广泛参与的对现行行为进行改变的过程。向刚（1996）认为，持续创新是指企业在一个相当长的时期内，持续不断地推出、实施新的技术创新项目（含产品、工艺、原材料、组织管理、市场创新及内部扩散），企业持续创新具有时间持续性、效益增长持续性和企业发展持续性三个基本特征。

郑勤朴（2001）在向刚提出持续创新概念的基础上，认为企业持续创新能力是一个包括投入能力、生产能力、营销能力、财务能力、创新能力、产出能力和环境适应能力七个方面的综合性能力体系。汪应洛等（2002）是国内较早明确提出持续创新能力的学者，在此基础上，向刚、汪应洛（2004）指出企业持续创新能力是企业在相当长的时间内，持续不断地推出、实施新的创新项目，并持续不断地实现创新经济绩效的能力，然后进一步研究了持续创新的动力机制与基本类型等问题。陈仲伯（2003）认为，企业的长期生存和发展不能仅仅依靠一项或某一时段的技术创新，而要依靠多次、全时段的技术创新。吕松（2008）认为，持续创新能力是企业在相当长的时间里，由企业家及创新团队发起的、持续不断地进行创新方面的投入，同时不断地进行管理创新和制度创新以保证创新项目的成功和顺利实施，最后获得企业想要的经济效益和社会效益。也就是说，现代企业尤其是高新技术企业，只有依靠持续技术创新，才能获得持续的生存与发展。朱斌等（2004）指出，单纯的技术创新很容易被模仿，而唯有持续创新才是难以复制的。硅谷正是以其持续创新的能力成为世界高科技产业集群的"领头羊"，而有些高新区产业集群却逐渐衰落，不能从根本上带动区域经济的发展，究其原因是没有形成持续创新的能力。Davison 等（2006）研究了动态复杂环境下的持续创新能力。Shang 等（2008）指出，实现持续创新的三个要素是知识、过程和技术，并在研究中提出了管理持续创新能力的一般概念模型。持续创新能力从内容上讲，包括学习能力（对外部知识的吸收能力）、R&D 能力（知识的转化、创造能力）、资源配置能力、制造能力、营销能力和制度能力等企业一系列综合能力（见图 2-2）。而组织能力之所以没有考虑在持续创新能力中，是因为在企业的持续创新中对现有组织结构的变化要求不高。只有根本性创新变化才会要求组织结构的改变（Utterback，1996），战略的多样性对于根本性创新的影响较大（Hamel and Valikangas，2003）。傅家骥（1998）认为，持续创新出现在根本性的产品或工艺创新之后。

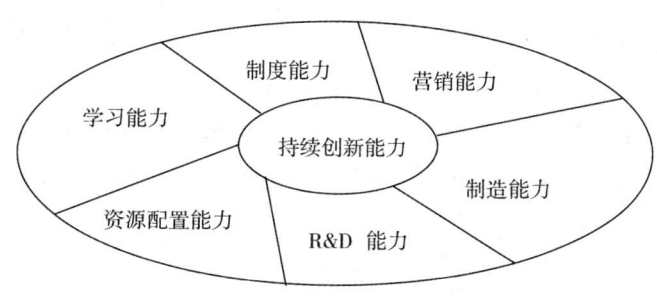

图 2-2　企业的持续创新能力

陈仲伯（2002）认为，知识产权是企业持续创新的动力机制，专利的成功实施会促进企业各项持续创新能力的提升、带动隐性知识的显性化和激励企业的实践积极性等（Carolan，2008）。唐顺良（2010）指出，专利管理是技术创新的平台和基础，而不是技术创新的"后勤"工作。在知识产权中专利与技术创新的关系最密切（Cao and Zhao，2011），所以，专利管理不仅会对企业的技术创新绩效产生直接影响，同时，作为技术创新的平台和基础，对企业的持续创新能力产生影响，进而影响企业的技术创新绩效。

三、研究述评

技术创新能力和技术创新绩效关系的研究已经相当成熟。本部分首先辨识了专利管理与技术创新绩效的关系,并综合现有文献,发现无论宏观层面还是微观层面的研究,学者们普遍认为专利管理与技术创新绩效之间存在关联耦合关系(曹勇等,2011)。通过文献的深入挖掘,发现专利管理贯穿技术创新的全过程,成功的企业专利管理并非事后管理,而是事前介入、事中控制、事后反馈的循环过程。因此,专利管理会对企业的持续创新能力产生影响,以及对专利管理、持续创新能力和技术创新绩效的关系综述,为本书的进一步研究提供了一个理论分析框架基础。

现有关于专利与创新关系的研究,多集中在宏观层面探讨专利保护对技术创新的影响。宏观层面的专利保护是指整个社会的专利保护程度,技术创新则是技术对整个行业或社会技术进步的推动或阻碍作用,即一国或区域的专利保护程度对行业或社会技术创新的推动或阻碍作用。而从微观层面将专利管理作为动态、系统过程,探讨其与技术创新绩效关系的研究较少。显然,如果要从微观企业层面深入探讨专利管理与技术创新绩效的关系,必须将资源观理论和开放式创新理论结合起来,把持续创新能力的内容纳入考察范围。Wang 和 Song(2008)、Shang 等(2008)、周寄中等(2009)的研究为本书的研究提供了积极的借鉴意义。

第五节 高新技术企业研究综述

一、国内外研究

我国有关专家学者自 20 世纪 80 年代开始研究国外高技术产业发展动态,与此同时也引入了高技术的概念(High–tech)。"863"计划中提及的"高技术产业"与发达国家高技术产业的一般概念相近,也是我国高技术产业的初始概念。此后,根据党的十三大提出"注意发展高技术新兴技术产业"的要求和中央对发展高技术新兴产业的部署,原国家科委从 1988 年 7 月开始实施火炬计划，火炬计划与"863"计划的一个显著区别是将"高技术产业"延伸为"高技术、新技术产业"，将"高技术产品"变化为"高技术、新技术产品"。从此，舆论界出现了高技术产业与新技术产业相提并论的情况，高技术产业的概念也由狭义的、一般的高技术产业概念演变为广义的、包括一切新技术领域的高新技术产业概念，"高新技术"的概念也由此产生。"高新技术"具有两层含义：高技术是指在一定时间里水平较高、反映当时科技发展最高水平的技术；新技术是相对原有旧技术而言的，指填补国内空白的技术，但它并不一定是高技术。所以，在本部分的文献综述中，没有将高技术与高新技术的相关研究做进一步细分，笔者认为只是研究范围的大小不同，而在技术的创新和采用等方面存在诸多共性。

高新技术企业是技术创新的优势主体（陈仲伯，2003），国内外对高新技术企业的研究主要集中在其核心能力（吕洁华，2005）、持续创新能力（陈仲伯，2003）、集群创新（Li and Wang，2009）、创新网络（郭亚平等，2009；陈学光，2007）、专利战略（姜艳萍，2008；党跃臣，2009）、产品创新（Knight，1986）等方面。王西麟（1996）、游达明和周勃（1999）研究了高新技术企业成长环境、成长模式。国外学者对小型高技术企业也较关注，研究内容包括小型高技术企业的产品创新（Knight，1986）、产品开发（Johne and Rowntree，1991；Johne et al.，2001）、新产品管理（Boag et al.，1989）等。Therin（2010）以110家小型高新技术企业为例，检验了组织学习、创新和企业绩效的关系模型。

Hsu（2006）通过对台湾新竹高技术企业的研究发现，网络关系的强联系有助于组织间的深度互动，并以产业技术转移为例，论证了紧密且频繁的互动不仅可以使接受技术的企业获得所需要的技术知识，而且还会对企业生产管理方式和技术创新能力产生有益的影响。Shu 等（2009）以中国光谷的132家高新技术企业为例，研究了影响高新技术企业R&D投资的主要因素，包括公司规模、创新水平和财务能力等。

在高新技术企业绩效研究方面，Li 等（2009）从技术独占、人力资源、市场效率和社会动机四个方面评价高新技术企业绩效，并提出了提升高新企业技术创新绩效的策略建议。Joseph 和 Gerald（1991）研究了高新技术企业的绩效评价问题，认为人力资源管理实践尤其是高层管理者在绩效评估中起着重要作用。同样，高层领导 CEO 在高新技术企业的创新中也发挥着重要作用（Makri and Scandura, 2010）。Chun 等（2010）运用粗糙集理论研究高新技术企业的创新绩效。

对于高新技术公司而言，专利技术实际上是公司最重要的资产（邓恒，2006）。Hagedoorn 和 Cloodt（2003）在综合相关研究的基础上，采用 R&D 投入、申请的专利数、专利引证和新产品开发数四项指标，对美国四个高技术产业中约 1200 家样本企业的创新绩效进行了测度。Fiedler 和 Welpe（2010）以纳米技术公司为例研究了合作行为在中小企业和大型企业纳米技术商业化过程中的作用，发现互补资产和交易成本对中小企业合作行为有较大影响，知识产权保护则对合作行为没有影响；而大型企业中知识产权保护和互补资产的所有权对合作行为有负面影响。Lichtenthaler（2009）基于使用技术先进程度的划分标准，研究技术多样性、技术潜力、专利组合规模、专利组合质量对高技术企业和中低技术企业技术创新绩效的影响。同时 Lichtenthaler（2009）在其研究中指出，研究技术战略和专利组合对企业绩效产生影响的文献大多是基于高技术企业进行的。

二、研究述评

本部分概述了高技术及高新技术的由来，整理并分析了高新技术领域相关研究的最新进展，提出了高新技术的研究方向。在此基础上，重点分析了高新技术企业创新、绩效评价及企业专利的相关研究。在国内外的文献研究中，高技术和高新技术的界定存在一定差别，目前国内有高技术产业统计年鉴和高新技术企业认定，在研究中容易造成概念的混淆及统计数据收集的难度。学术研究应该为实践应用提供理论指导，而更多的指导实践为统计部门的科技统计工作奠定了理论基础，促进国内统计标准与国际统计标准的接轨。

现有文献对高新技术企业研究涉及的领域较广，而基于高新技术企业的研究，首先需要明确何为高新技术企业、高新技术或高技术的特性，然后对高新技术企业进行有针对性的研究。各国的高新技术企业存在很多共性，但由于各国发展水平、所处阶段的不同，对高新技术企业的界定同样存在差异。即使同一国家，在不同的经济发展阶段对高新技术企业的界定也是不同的，它是随着经济、社会、技术发展而发展的。在学术研究中，我们既要关注不同高新技术行业企业的特性，更要从高新技术企业的共性方面进行研究，得出一般性的研究结论。所以，鉴于我国与发达国家处于不同发展阶段，表明我国高技术产业尚处于发展初期，还不具备"明显高"的技术密集度的典型特征。本书的研究对象是经过相关部门认定的高新技术企业，在现阶段具有广泛的代表性。

本章小结

通过文献分析发现，专利管理的相关研究主要集中在战略管理、应用经济学等领域，且多是从宏观定性方面界定专利管理内涵、特性及专利管理对企业产生的影响；技术创新绩效的研究主要集中在区域和行业创新层面，基于知识流动、组织学习、技术转移等角度从投入、产出方面进行衡量。关于专利与技术创新或创新绩效关系的研究，主要探讨专利保护对创新的促进或抑制作用，且多为宏观、静态研究，即专利保护程度对所属经济体产生的影响。通过对资源观理论、开放式创新理论及技术生命周期理论等相关研究的梳理，本章重点梳理了专利管理、技术创新绩效及二者之间的关联研究，并对企业的持续创新能力和技术锁定等研究文献进行分析。总之，关于企业专利管理与技术创新绩效的研究，主要在以下两个方面取得了进展：①宏观层面研究专利保护对技术创新绩效影响的成果较多，这些成果为不同国家、不同发展阶段的国家专利制度设计提供了理论指导；②微观层面的研究关注专利资源对企业保持与提升竞争优势的作用，并融入了知识管理与开放式创新理论。经过系统的文献梳理，本书认为现有研究还存在以下问题：

一、重视创新有形绩效，较少关注创新无形绩效

从综述研究可以看出，国内外关于创新绩效的研究理论与方法已经比较成熟，研究角度多从产品、技术、财务等方面进行指标设置与测量，但对知识产权尤其是专利在企业创新绩效中的作用关注不够，这与专利在经济、社会中发挥的作用不符。经典的创新管理研究将创新绩效简单、常规化为产品绩效、财务绩效等现时的有形绩效，而较少有研究将焦点放在未来的无形绩效上。基于此，有学者提出企业的创新绩效包括有形收益和无形收益，需要在评价指标基础上添加对产品、工艺等创新项目的主观评价以进一步反映创新的无形绩效。知识产权作为企业的无形资产，在技术创新中发挥的作用也日益重要，专利和技术创新有着天然的黏合力。因此，专利是研究技术创新的无形绩效的关键因素。

二、重视创新后端成果，较少关注创新前端过程

现有研究关于专利指标的设置，大多会选取专利申请数、专利授权数或专利产品销售收入等指标，但这些都是在专利技术研发取得成果后的衡量指标。开放式创新环境下，专利的获取渠道是多样的，研究中仅仅关注 R&D 环节是片面的。专利研发前期的工作，对后期成功具有非常关键的影响作用，如前期的专利信息收集、市场信息的收集及预测、资源的投入（人、财、物、信息）、研发策略、专利获取方式的选择等，所有这些都属于企业技术创新前端活动，它们在很大程度上决定了后期专利申请能否成功授权及商业转化。如果忽略了对这些前期定性、定量指标的研究，至少说明对企业技术创新绩效的研究是不全面、不科学的，而这恰恰是目前研究中容易忽略的问题。

三、重视专利保护静态研究，较少关注专利管理动态过程

现有对专利和技术创新绩效的研究，多是从专利保护层面展开的。但是企业的专利管理与技术创新的耦合是复杂、动态的系统过程，对于专利管理我们可以从专利获取、专利保护和专利商业化三个阶段进行研究，而技术创新绩效的研究视角也是多元化的，如投入、产出视角，社会绩效、经济绩效，产品绩效、工艺绩效等。所以，不能仅从专利保护的角度研究其与技术创新绩效的关系。应将专利发展的不同阶段和技术创新绩效的不同衡量方式结合起来进行研究，以体现研究的全面性与动态性。

四、重视专利的创新成果产出特性，较少关注专利的创新资源投入特性

现有研究通常将专利看作企业技术创新的成果，即企业对R&D成果申请专利，以获取专利授权作为技术创新成功的标志。这种研究视角通常会导致企业一味追求专利数量，而忽视企业对专利的客观真实需求。目前，较少研究将专利作为一种创新资源投入，并研究这种资源对企业持续创新能力的影响，进而影响企业的技术创新绩效。这是本书研究关注的问题。

五、重视专利管理的发展研究，缺乏对技术锁定调节效应的探讨

现有研究中，一般在理论和实践中推崇专利管理的技术标准化，认为企业可以通过标准化战略或商业化战略获取市场主导地位。但在此基础上，很少有研究深入探讨专利管理与技术创新绩效关联中的技术锁定现象，尚未出现针对中国高新技术企业的发展现状，从企业内部及外部的视角研究技术锁定成因及解决办法。这是本书要深入探讨的问题。

综上，理论和实践中存在着将专利管理、持续创新能力与技术创新绩效相结合的必要性。但关于专利管理与技术创新绩效的关联机理及二者之间关联的影响因素，则是现有研究中较少关注的问题。因此，研究开放式创新环境下企业如何通过有效的专利管理直接提升技术创新绩效，或专利管理通过影响企业的持续创新能力，进而影响技术创新绩效；在专利管理与技术创新绩效关联关系的研究中，探讨技术锁定对二者关系的调节作用，具有重要的理论及现实意义。

第三章 企业专利管理与技术创新绩效的内涵及现状

本章将在第二章的理论综述基础上，根据本书的需要，提出企业专利管理的概念，界定技术创新绩效的内涵与外延，剖析高新技术企业的特征。最后，从理论和实践两方面简要介绍我国高新技术企业技术创新与技术创新中的专利管理现状，为下一步的影响因素分析和理论模型构建奠定基础。

第一节 企业专利管理的概念

专利管理是本书中非常重要的概念，也是本书的焦点。因此，清晰明确地提出专利管理的概念是本书顺利进行的前提和保证。在第二章文献综述部分，本书详细介绍了专利的管理学、经济学和社会学理论渊源、专利管理的内涵、目的及作用等方面的研究。目前，对专利管理内涵的界定，学界还存在一定的分歧，主要是事务型管理（冯晓青，2005；邓恒，2006；唐顺良，2010）、类型管理（Hufker and Alpert，1994；谢科范、田汉梅，1995）和专利作用管理（周延鹏，2006；Lin et al.，2007；Nakagawa，2009）等的差异。以上分类研究尚未形成系统完整的理论框架，难以体现开放式创新环境下专利管理的动态性发展特征。

事务型专利管理内涵的界定，主要是根据企业专利管理工作的具体内容，尽可能全面地列举与企业专利相关的工作内容，进而将这些内容归纳为企业专利管理。但每个企业的实际情况不同，在组织结构的设置方面也存在较大差异,不同规模、不同行业、不同专利数量的企业涉及的专利管理事务也是不同的,而且事务型的专利管理界定方法,也很难穷尽企业专利管理中的具体事务。因此,事务型专利管理的界定方法是静态的概念,难以体现企业专利管理的动态发展与变化。

专利管理的类型界定方法,主要是基于专利管理的层次或战略类型提出的,包括企业对不同专利战略的运用,或者是对战略型、决策型和事务型专利管理的综合运用。但对于拥有较多专利数量的企业来说,不同专利的法律状态、地位、作用是不同的,企业会针对不同的专利采用一种或者两种以上的专利战略,同样,专利类型的概念界定方法同样存在以偏概全的问题。战略管理只能体现企业专利管理的一个方面,因为企业对专利的管理,是一个动态的系统过程,战略的提法难以体现专利管理的动态性。而战略型的专利管理、决策型的专利管理和事务型的专利管理界定方法,一方面难以包含企业专利管理的全部内容,另一方面又存在内容重叠之处。战略与决策在战略管理中是作为一个词提出的,即战略决策,它是针对企业全局性、长远性等重大问题的决策。因此,专利管理的类型界定是针对企业特定专利进行的,而非企业专利管理的全部内容。

本书认为对于专利作用内涵的界定方式,比较关注专利的结果,是对技术创新结果的管理,而忽略了前端的过程管理。管理是个非常宽泛的概念,曹勇(2010)认为,管理是在特定的环境下,管理者通过实施相关职能来协调人力、物力和财力等资源,以期更好地达成组织目标的活动过程。专利管理是将管理的对象设定在某种特定的事务活动上,是专利相关管理者协调人、财、物、信息等资源,以通过有效的专利管理提升企业绩效的活动过程。

在借鉴前人研究的基础上,并克服以上内涵界定中存在的局限性,以体现企业专利管理的动态性、全面性,体现专利管理的工作性质、战略类型和专利作用等界定方式的优点,本书从专利管理的环节入手,提出专利管理的概念及内容。本书将专利管理划分为专利获取(Artz et al., 2010; Ziedonis, 2004; Lichtenthaler, 2010)、专利保护(Lichtenthaler, 2010; Czarnitzki and Toole, 2008)和专利商业化(Arora et al., 2006; Lichtenthaler, 2010)三个环节,即专利管理是企业在开放式创新环境下,根据市场需求,通过内部研发创新或外部途径获得专利的所有权或使用权，并在一国专利法律保护的框架内制定本企业的专利保护制度和办法，同时根据该企业实际情况，将专利作为一种资源投入，决定专利技术的商业化方式，并充分运用该企业的生产条件或市场地位进行自主转化或对外许可，保证专利技术顺利商业化，以获取市场利润并提升技术创新绩效的一系列活动。由以上定义可知，专利管理的主体是企业；客体是企业拥有所有权或使用权的有效专利；内容包括专利获取、专利保护和专利商业化；目的是为了提升技术创新绩效。

专利管理的三个环节是有机整体（见图3-1），贯穿技术创新的全过程，同时涉及企业研发、人力资源、法务、知识产权、生产、营销等各个部门的活动过程。本书在第一个环节使用"专利获取"而没有使用"专利创造"的提法，是因为在开放式创新环境下，企业获得专利的途径和渠道是多样的，企业所拥有的专利不仅是通过自身研发创造的，还包括联合研发、购买、许可、加入专利联盟等，如以美国高智为代表的专利经营公司（袁晓东、孟奇勋，2010）。所以，从资源观的视角出发，本书并未将第一环节囿于单纯的专利创造上，"专利获取"概念包含的内容更为广泛，涵盖专利投入、获取方式等内容，更符合企业的客观实际和未来的发展趋势。对于专利获取，本书主要从企业研发和专利引进资金投入、专利数量和专利联盟三个方面进行考虑。专利保护是企业根据战略发展需要，对技术研发成果积极申请专利或对已有专利采取保护措施，以避免侵犯他人专利或处理与本企业相关的侵权事件。专利保护主要从企业申请专利意愿、专利部门或专利职能人员作用、参与或制定的行业标准及专利风险的评估四个方面进行研究。专利商业化是企业将自身拥有的专利通过生产制造环节提供市场所需商品的过程或将专利许可、转让他人，收回研发成本，并获取市场利润的活动。专利商业化主要从企业专利质量、互补性资源和转化方式三方面考虑。这种对专利管理的界定方法，比专利事务型管理的界定方法更简洁、明确，比专利作用的界定包含的内容更广泛，比类型专利管理更科学，体现了专利管理的动态性。

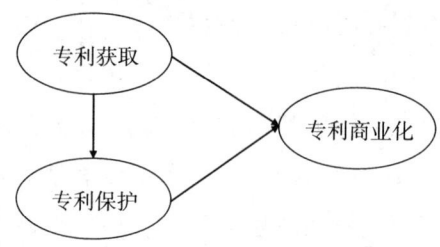

图 3-1 企业专利获取、专利保护与专利商业化概念的关系

第二节 技术创新绩效的内涵与外延

在前期研究中,有学者将创新绩效划分为经济效益和社会效益两个维度(单红梅,2002;陈仲伯,2003)。由于创新绩效一般是指对企业技术创新活动效率和效果的评价(Hagedoorn and Cloodt,2003),因此,创新绩效和技术创新绩效的研究都较多地考虑了技术的因素。本书认为企业作为经济组织,利润最大化是其经营的宗旨,但同时企业作为社会法人,也是社会的重要组成部分,需要承担相应的社会责任。所以,在全球资源日益缩减、环境日益恶化的条件下,企业尤其是高新技术企业的社会责任也显得异常重要。企业技术、工艺和生产产品对社会做出的贡献、对环境造成的影响、对资源的消耗等,都应成为衡量一个企业技术创新绩效的指标。一项技术再高端,如果不能造福于人类,那么该项技术的存在也是没有意义的。如我国评选国家火炬计划重点高新技术企业的条件就包括企业创新能力、行业带动性、盈利能力、社会贡献四个方面。因此,在衡量企业技术创新绩效的时候,不但要考虑经济效益,还要考虑社会效益。

为了反映高新技术企业技术创新的持续发展能力和对社会的贡献,体现其作为经济法人应尽的社会义务,本书在文献分析的基础上结合高新技术企业特点,认为技术创新绩效应从经济效益和社会效益两个维度衡量。技术创新绩效是企业一定时期内的技术创造或改进成果通过商业化或持续创新能力的提升在其经济效益和社会效益上的综合体现。技术创新绩效的外延是企业在其经营期内所从事的与技术创新相关的活动,对其经济效益和社会效益产生影响。经济效益和社会效益的划分方法比较全面、均衡地体现了企业作为社会公民应尽的社会义务,有益于指导企业在关注经济效益的同时,也要勇于承担社会责任,这是企业长远发展的保证。经济效益主要从企业在行业内推出新产品或新服务的速度、专利产品对利润增长的贡献、产品创新成功率和更多的专利数量等方面衡量;社会效益主要从企业专利技术对社会相关技术产品的带动作用、专利技术对环境的改善作用、生产过程的环保程度等方面衡量。

第三节 高新技术企业范围界定及特点

本书是基于高新技术企业的研究,首先需要明确何为高新技术企业,其次需要认清高新技术企业的特点,这样才能清晰划定研究对象的范围,进而保证研究结果的准确性和适用性。

一、高新技术企业的范围

高新技术企业的界定是不断动态发展变化的。随着社会经济技术水平的发展,技术更新换代日趋加快,高新技术企业的地位也会发生变化,原来认定的高新技术企业可能不再是高新技术企业,而一般企业也有可能由于达到了认定条件而被认定为高新技术企业。高新技术企业的发展也是阶段性的,尽管各国的高新技术企业存在诸多共性,但由于国家发展水平、资源条件和发展的侧重点不同,对高新技术企业的界定也存在差异。所以,在学术研究中,我们既要关注不同高新技术行业企业的特性,更要从高新技术企业的共性方面进行研究,以得出一般性的研究结论。从各个国家对高新技术产业、高新技术企业的界定可以知道,知识密集、技术密集是高新技术企业的最基本特征。

对高新技术企业的认定，国外一般建立在产业认定的基础上，即按企业所属的产业是否为高新技术产业来认定，把处于高新技术产业领域中的企业称为高新技术企业（国外更多的是高技术企业，而没有高新技术企业的提法）。日本和美国采用具体的、可操作的方式来定义高技术。日本采用的是列举法，认为微电子、计算机、软件工程、光电子、空间技术、电子机械、生物技术均是高技术。美国则采用一些指标来定义高新技术，经常采用的指标是研发强度及科研人员占总劳动力的比重，研发强度以研发费用占销售额或增加值的比例来衡量，即研发强度达到3.5%以上，科研人员占总劳动力的比例达到25%以上（王萍，2003）。在美国凡是符合以上两项指标的，生产某一产品的企业就可被认定为高技术产业，该产品即为高技术产品。

在国内，高新技术企业成为促进我国产业结构调整与升级、提高科技创新能力、实现经济可持续发展的重要力量（姜艳萍，2008）。我国对高新技术企业的认定是通过划分高新技术范围来确定的。根据我国高新技术产业发展和管理的需要，我国实行高新技术企业认定制度。按照国家或地方《高新技术企业认定条件和办法》，经有关科技管理部门认定的高新技术企业，才是真正意义上的高新技术企业。我国高新技术企业的认定具有明确的量化指标。针对高新技术产业知识密集、智力密集和高风险、高收益的特点，1991年发布《国务院关于批准国家高新技术产业开发区和有关政策规定的通知》中，根据当时高新技术的发展情况，将高新技术产业的范围划定为11项，即微电子科学和电子信息技术、空间科学和航空航天技术、光电子科学和光电一体化技术、生命科学和生物工程技术、材料科学和新材料技术、能源科学和新能源及高效节能技术、生态科学和环境保护技术、地球科学和海洋工程技术、基本物质科学和辐射技术、医药科学和生物医学以及其他在传统产业基础上应用的新工艺、新技术。《高新技术企业认定管理办法》（国科发火［2008］172号）于2008年4月14日颁布，从2008年1月1日起实施。2008年7月，科技部、财政部联合税务总局发布了《高新技术企业认定管理工作指引》，对高新技术企业认定条件提出了更高的要求，如对企业的自主知识产权、持续研发能力、研发投入等均有明确的要求，同时对科技成果转化能力、资产与销售成长性等指标也有严格的评价标准。因此,高新技术企业是在国家重点支持的高新技术领域内,持续进行研究、开发与技术成果转化,形成企业核心自主知识产权,并以此为基础开展生产经营活动的企业。目前,国家重点支持的高新技术领域:电子信息技术、生物与新医药技术、航空航天技术、新材料技术、高技术服务业、新能源及节能技术、资源与环境技术、高新技术改造传统产业。

目前,我国高新技术企业认定需满足以下条件:

(1) 在中国境内(不含港、澳、台地区)注册的企业,近3年内通过自主研发、受让、受赠、并购等方式,或通过5年以上的独占许可方式,对其主要产品(服务)的核心技术拥有自主知识产权。

(2) 产品(服务)属于《国家重点支持的高新技术领域》规定的范围。

(3) 具有大学专科以上学历的科技人员占企业当年职工总数的30%以上,其中研发人员占企业当年职工总数的10%以上。

(4) 企业为获得科学技术(不包括人文、社会科学)新知识,创造性运用科学技术新知识,或实质性改进技术、产品(服务)而持续进行了研究开发活动,且近3个会计年度的研究开发费用总额占销售收入总额的比例符合如下要求:①最近一年销售收入小于5000万元的企业,比例不低于6%;②最近一年销售收入5000万~20000万元的企业,比例不低于4%;③最近一年销售收入在20000万元以上的企业,比例不低于3%。其中,企业在中国境内发生的研究开发费用总额占全部研究开发费用总额的比例不低于60%。企业注册成立时间不足3年的,按实际经营年限计算。

(5) 高新技术产品(服务)收入占企业当年总收入的60%以上。

(6) 企业研究开发组织管理水平、科技成果转化能力、自主知识产权数量、销售与总资产成长性等指标符合《高新技术企业认定管理工作指引》(另行制定)的要求。

在新的认定条件下,截至2013年底,全国有效期内的高新技术企业数量近6万家。2013年,全国高新技术产业主营收入突破11万亿元,同比增长10%;105家国家高新区总收入超19.5万亿元,同比增长约18%。我国《关于促进科技成果转化的若干规定》中规定,高新技术成果向有限公司或非公司制企业出资入股的，其成果作价金额可达到公司或企业注册资本的35%。这一规定既是鼓励高新技术成果的转化，也是对知识产权在高技术企业中发展趋势的回应。为适应高技术企业的发展，加强对高科技含量的科技成果权益的保护，各国都在调整知识产权政策。如1984年美国《版权法》将半导体集成电路布图设计列为特殊保护，提高了对保护作品的要求。这些政策客观上加大了高新技术企业中的知识产权科技含量。同时，发达国家也将一些尖端技术纳入知识产权保护体系。如美国的《信息高速公路计划》（1993年）、《知识产权与UII、国内及国际（GII）信息基础设施白皮书》（1995年）、《数字化千年之际版权法案》（1998年）等，均明确提出信息技术中的法律问题，以寻求专利保护。

汤森路透科技集团发布的2012年专利分析报告显示，2011年，中国的专利申请数量首次超过美国和日本，专利申请量居全球第一。但我国专利申请的优势领域仍集中在食品等传统领域，而美国、日本等发达国家在高科技领域拥有大量的核心技术，中国企业需要认清差距，不能纯粹追求专利数量，应该保证专利质量，加强在高科技领域核心技术的专利申请。因此，在高新技术企业的发展方面，美、日两国的经验值得我国学习和借鉴。下面简要介绍美、日两国在高新技术企业方面的经验。

二、美、日两国经验

（一）美国经验

第二次世界大战以后，美国西部和南部地区抓住大量军事工业转为民用工业的契机，迅速发展了宇航、原子能、电子等高科技产业。美国采用具体指标界定高新技术企业的范围，经常采用的指标是研发强度以及科研人员占总劳动力的比重，凡是符合这两项指标的，生产某一产品的企业就可被认定为高技术企业，该产品即为高技术产品。

美国高新技术的分布比较广泛，拥有众多的高新技术园区。美国几个著名的高新技术工业科研生产基地，如加利福尼亚州的"硅谷"、北卡罗来纳州的"三角研究区"和亚特兰大的计算机工业区等都拥有大量的高技术企业。硅谷是美国科技产业的发祥地,也是当代高科技企业最集中的地方。因此,硅谷已成为各国研究和效仿的一种高科技产业发展模式。美国在全球高科技领域的地位日益显著,除少数例外,近10年间市值超过50亿美元的高科技企业都来自美国。包括诸如Google、Facebook、Salesforce等一些众人皆知的全球型高科技大公司。

决定美国在高科技类企业方面一枝独秀的主要因素有四个方面:优秀的大学教育、活跃的风险投资、广阔的技术市场、知识产权优势。这四点对美国高技术企业的发展至关重要。但是,其最重要的成功要诀是这四个要素的和谐组合,协同工作,一起将美国的创新技术推向顶峰。中国要想在高科技领域有所建树,有必要借鉴美国的经验。

(1) 美国的知名学府,特别是哈佛、斯坦福、麻省理工和加州理工大学,是高科技行业的核心。超过半个世纪以来,这些超一流大学招收和聚集了一大批富有技术天赋和创业才干的莘莘学子和教授队伍。像Google、Microsoft、Cisco、Hewlett Packard及Facebook等领先的高科技企业最初都是由名牌大学出来的学生或老师一起创办的。

(2) 风险投资的概念,最早是由哈佛的一位教授George Doriot在60多年前提出的,初衷是为了给哈佛和麻省理工两所学校最具产业化价值的科技项目提供融资服务。时至今日,美国一流的风险投资基金都和大学机构保持着紧密的联系。硅谷是全世界高新技术诞生的中心,这里有着数不胜数的高科技企业,Google、Apple Inc、Oracle、Intel等国际知名公司的总部都设在这里。这些企业的共同特点是在上市之前都曾经接受过风投基金的投资和帮助。

硅谷有着全世界最为密集的风投基金,这些基金为创业期的企业提供源源不断的资金援助。著名的凯鹏华盈KPCB基金和Intel投资总部都设在硅谷。这些基金每年平均要拜访数千家企业,从中挑选出不到1%的名额进行投资。获得投资的企业可以充分利用投资基金及其投资组合里所有公司的资源,这对于创新型或者科技型的企业来说是非常有益的。例如,红杉资本(Sequoia)曾经投资过Apple、Cisco、Google等企业,当红杉选择投资一家新公司的时候,除了资金资助,这些企业的经验、人才还有市场等资源都可以用来借鉴和分享，这些更利于该高技术企业的成长、成功。

（3）拥有全世界最大也是最开放的技术市场。一个拥有独立创意和自主技术的公司，能够吸引很多愿意为其新技术或新产品付费的客户，尤其是销售软件或硬件的高科技公司。Salesforce.com 在短短 10 年间已经成为客户关系软件（CRM）行业的"领头羊"，向 8 万多家企业客户提供软件产品。这些软件均按年收费，而不是一次性付费，这种稳定的收入模式保证了企业收入的可持续性。

（4）美国是当今世界创新能力最强和最注重专利知识产权保护的国家，知识产权战略是美国最为重要的长期发展战略之一（朱国华等，2010），专利是知识产权范畴的一个重要组成部分。美国前总统卡特将知识产权战略提升到国家战略层面，利用长期积累的科技成果，巩固和加强知识产权优势，成为美国企业与政府的一致认识。高技术企业既是技术创新的主体，也是专利的实施主体，在美国众多高技术企业中，知识产权类资产已超过了总资产的 60%，其中，专利占较大比例。在高技术企业里，专利被视为重要的经营资产，美国企业对专利商业价值的认识和理解为其带来了巨大的利益。

因此，这四个方面的因素促成了美国在全球高科技领域的霸主地位。尽管很多发达国家做出了尝试，但目前还没有哪一个国家能够成功复制甚至超越美国。

（二）日本经验

第二次世界大战后，日本作为战败国，在经济、科技实力上都很弱小，根本无力与欧美国家相抗衡，且日本国土狭小、资源匮乏，只能依赖进口资源加工成产品出口，才能获得外汇。日本在 20 世纪 50 年代就开始大量引进国外先进技术，提高国内企业加工能力和技术水平。日本认为：高技术就是建立在当代尖端技术和下一代科学技术基础上的技术，高技术必须是经济发展过程中的主导技术。因此，将高技术定义为下述技术的总称：① 为提高现有商品功能的必要核心技术；② 具有能赋予产品以新功能的主导技术；③ 构成下一代产品基础的技术。日本列为高技术的有：微电子技术、计算机、软件工程、光电子、通信设备、空间技术、电子机械、生物技术等（顾穗珊，2006）。

日本高技术企业的发展主要采取的是引进、消化、吸收、改进国外先进技术的道路，日本的高技术企业主要集中在制造业领域。在专利管理方面主要采取防御方式，面对欧美在日大量申请基础性关键技术专利的攻势，日本企业展开了"外围专利"的战略，构建严密的外围专利网，使欧美国家企业申请的基础性关键技术在日本企业的外围专利网中失灵，从而迫使欧美竞争对手同意实施"交叉许可"。这样，日本企业就可以无偿使用欧美企业的基础性关键技术专利。日本自 20 世纪 50 年代的"贸易立国"、"技术立国"到现阶段的"知识产权立国"战略的提出，可以看出，日本意欲摆脱技术模仿创新的发展道路，开始重视原创技术，加大高技术企业在基础研究方面的投入，促成日本由技术输入国转变为技术输出国。

日本作为典型的政府主导型市场经济国家，其政府的政策支持与日本高新技术产业企业的发展有着紧密的关系。高新技术产业的发展已不是单纯的技术问题，政府的科学引导和战略支持必不可少。特别是日本的科技立国战略，为日本创造了举世瞩目的经济奇迹。日本政府支持高新技术产业研发主要体现在四个方面：政府制定的《科学技术基本法》为鼓励创新提供法律依据；市场导向确保与需求紧密结合；构建"官产学"相结合的研发体系；基础研究、开发研究和应用研究各有侧重。日本政府主导半导体行业的研发，可以看出日本政府在高新技术产业企业发展中发挥了积极作用，1976～1982年，日本共投入 3.55 亿美元用于集成电路的技术开发。在日本，政府投资实质上是对企业研究与开发的一种重要补充。政府在研究与开发活动中的直接投资，降低了企业进行技术创新的风险，并且加速了研发产品市场化的过程。在高新技术产业成长初期，政府的资金支持通常超出投资本身的意义：它代表政府对新技术领域和方向的肯定，从而给大多数企业一个市场信号——若开发成功，政府将会使用或推广这些产品。

政府采购在日本高新技术企业的飞速发展中功不可没，通过政府采购可扶植和培育国内高新技术。最为典型的例子就是日本电子通信行业的发展，日本通过国有电报电话公司（NTT）和电子计算机公司（JECC）的采购，以确保国内电子通信市场的增长。NTT 是国有垄断企业，其采购规模在电子通信产品市场上占有相当大的比例，NTT 的采购政策遵循优先使用国内产品的原则，支付的价格都是带有补贴性质的高价格。日本的许多中小企业都是由先进的设备武装起来的，具备高超的制作能力和技术。这些中小企业构成了日本高度发达的产业技术基础，从而成为日本高技术成果迅速产业化的重要因素。

综上所述，我国高新技术企业大部分集中在制造业，如 2008 年我国新认定的高新技术企业在制造业领域的占比达到 73.23%，这些企业在市场上主要采取价格策略，即规模经济，而日本采取的是质量策略，美国则是技术策略。这三种策略各有优势和劣势，日本的质量策略如今也遭遇瓶颈。所以，中国高新技术企业的发展，也面临产业结构升级的考验，如何占据产业链的前端，形成自身的技术创新能力，提高持续创新能力，是高新技术企业需要考虑的现实问题，还要探索更好的、更适合中国高新技术企业的发展模式。

三、高新技术企业的特点

高新技术企业是建立在高新技术基础上的企业组织，相对一般或传统企业而言，高新技术企业是知识密集、技术密集型企业，具有较高的技术水平和知识含量。因此，持续创新性、与知识产权关系的密切性、高风险性、高投入性、多学科性、高成长性、短周期性、成立时间短是其主要特征。

（一）持续创新性

持续创新是高新技术企业最基本的特征之一。企业只有具备一定数量的技术创新成果，才能被认定为高新技术企业，创新是高新技术企业的内生性特征。然而，不仅高新技术企业的成立需要创新，其存续和发展同样需要创新。在开放的市场环境下，只有通过持续不断的创新，企业才能应对日新月异的技术变化，引领行业发展，为市场提供具有差异性的产品，提升企业的竞争能力，增强创新绩效。这里所讲的持续创新，是企业的全方位创新，包括技术创新与制度创新等内容。陈仲伯（2003）指出，高新技术企业技术创新有三个重要的微观前提：高新技术企业成为技术创新的优势主体；高新技术开发区成为技术创新集群区域；持续创新能力成为高新技术企业的核心竞争力。

(二) 与知识产权关系的密切性

杨莹 (2008) 指出，高新技术企业的发展更多地取决于包括知识、智力在内的无形资产的作用，这是机器、土地、厂房、设备等有形资产所无法替代的。唯有依靠智力发展和知识积累，通过大批具备较高职业技能和必要科学知识的经营管理人才及生产技术人才才能创造高技术的研究和开发成果，才能为企业创造核心竞争力和价值。因此，高新技术企业较一般传统企业拥有更多的智力、知识等无形资产。高新技术知识密集、技术密集的特性，决定了其投入、产出的高知识含量，高投入和高成长性又决定了高新技术对企业的重要性，这需要企业在加强自身技术成果保护的同时，还要借助知识产权法律法规保护企业的技术成果。高新技术企业研发产出与知识产权保护关系的密切性，要求产出成果以知识产权形式予以保护，如专利、技术秘密等，这些技术成果形式直接决定了知识产权特别是专利与高新技术产业企业的密切关系。

(三) 高风险性

高风险性是高新技术企业的本质特征，也是决定其发展的关键因素。高新技术企业的风险源自其高创新性，及由此带来的预期收益的不确定性。吕洁华 (2005) 认为，高新技术企业的风险性与高新技术的复杂创新性呈同步增长趋势，技术的复杂程度越高，技术的含量越大，技术的创新难度越大，企业所承担的风险也越大。高新技术企业的风险带来两方面的结果：一是损失的可能性；二是企业发展终止的可能性。在高新技术企业的风险中，最突出的是技术风险、市场风险和法律风险。技术风险是指在新产品研制和开发过程中，由于技术失败而产生的损失，技术风险存在于高新技术企业发展的各个阶段。简而言之，在研发阶段，技术风险表现在研发能力和研发结果方面，不同的研发成果保护形式，具有不同程度的法律风险；在生产阶段，技术风险表现在由于设备、工艺、生产工人等原因导致的产品无法达到设计要求,或由于技术原因导致的产品不能达到市场需要的性能要求或产品质量不稳定等风险;在商业化阶段,技术风险表现在技术复杂性带来的用户使用中的不友好性和售后服务的低效率风险。据统计,高新技术企业成功率是非常低的,美国高技术企业的成功率只有15%~20%,70%~80%的企业失败。市场风险是指技术创新带来的新产品能否被市场接受,能否取得足够的市场份额。高新技术企业的市场风险主要表现为:产品市场容量的不确定性,新产品的市场需求规模预测通常会与实际情况产生偏离;即使该产品有足够的市场需求,企业仍然存在市场开拓和竞争结果的不确定性,成功的市场开发取决于正确的营销策略、足够的投入以及全体营销人员的创造性工作等一系列因素。法律风险是指在企业存续期间所面临的由于外部行为不规范或内部行为不规范而导致的企业损失或损害的可能性。法律风险存在于企业生产经营中的各个环节和各项业务之中,贯穿企业设立到终止的全过程。

(四)高投入性

高投入是高新技术企业的又一特征。高投入表现在高资金投入与高智力资本投入两个方面,这是由高新技术及其产业具有知识密集和人才密集的特点决定的(周从章,2002)。一般企业的研究与开发费用通常占销售额的2.5%左右,而高新技术企业一般超过5%,有的高达10%~15%。如美国IBM公司在1980~1984年的电子计算机开发费用和基建投资为280亿美元,相当于20世纪40年代美国研究原子弹的"曼哈顿计划"全部费用的14倍。在高新技术企业发展的各个阶段,除R&D投资外,企业开发费用、市场营销、人员培训等都需要大量资金投入。企业达到一定规模后,往往需要进一步的资金投入,这一时期的资金需求量非常大。高新技术企业在人员结构方面,科研人员占企业总人数的比例很高。国际上,研发人员大致占企业总人数的1/3,有的比例还要高,约为一般企业的两倍以上。实际调查结果显示,在中关村的高新企业中,专职科技人员比例为45.1%,其中具有中高级职称科技人员的比例为71%(李志等,2009)。

(五) 多学科性

高新技术企业所涉及的技术不断向大型化、集约化、复杂化、多学科方向发展。例如激光产业，涉及的并不只是光学科学，还包含材料科学、信息科学、制造技术、控制技术、自动化技术、检测技术等多门学科和技术的综合。这种多学科交叉的特征决定了高新技术企业对综合型人才的迫切需求。同时，也提高了对管理人员的素质要求，不仅要有过硬的专业知识，还要具有综合、协调管理能力。多学科的交叉与融合有利于高技术领域的横向联合，提升传统产业部门的能力，改进落后的工艺流程，提高产品性能，增强高新技术企业创新活力，提高了解决现实问题的效率。多学科的交叉融合对传统技术的提升表现在三个方面：运用高新技术把劳动密集型企业改造成技术密集型企业；节约资源、保护环境，提高资源利用率和环境友好度；优化设计、生产和管理，广泛采用现代信息技术，如计算机辅助设计（CAD）、计算机辅助制造（CAM）、计算机辅助工程（CAE）等，提高了生产效率和生产过程的精确性。

(六) 高成长性

高新技术由于其前沿性、高效性等特点，能更好地提供满足市场需求的产品或服务。所以，高新技术企业一般具有较大的成长潜力，能够获取更多的市场份额，预期收益和回报非常丰厚，这是很多风险投资基金青睐高新技术企业的原因。高风险也意味着高回报，据经济学家推算，美国航天投资收益比为1:14，即1美元的投资，收益可达14美元。1985~2010年，美国空间技术商业化收益在6000亿~10000亿美元之间。因此，发展高新技术产业，能得到高附加值，使企业的收益倍增（周正章，2002）。高新技术企业的高附加值体现在利用高新技术手段所创造的价值，高新技术企业资产的典型特征是无形资产比重大、人力资源的知识含量高，而且高新技术潜在价值增值空间大，远远超过了一般技术价值的增值能力。因而，高新技术的成功能为企业带来丰厚的经济效益。

（七）短周期性

现代技术的更新换代日趋频繁，技术生命周期也越来越短，一项新技术从产生到成熟至完全退出市场，所经历的时间越来越短。著名的"摩尔定律"深刻揭示了高新技术短周期性的特征，即集成电路上可容纳的晶体管数目，约每隔18个月便会增加一倍，性能也将提升一倍，或者说，当价格不变时，每一美元所能买到的电脑性能将每隔18个月翻两倍以上。"摩尔定律"揭示了信息技术进步的速度。尤其在电子信息技术领域，专家们预言，随着半导体晶体管的尺寸接近纳米级，不仅芯片发热等副作用逐渐显现，电子的运行也难以控制，半导体晶体管将不再可靠。"摩尔定律"肯定不会在下一个40年继续有效。不过，纳米材料、相变材料等新进展已经出现，有望应用到未来的芯片中。到那时，即使"摩尔定律"不再适用，信息技术前进的步伐也不会变慢。

（八）成立时间短

这是我国高新技术企业独有的特点，由于我国市场经济地位的确立只有短短几十年的时间。1991年以后，国务院开始组织认定和统计高新技术企业。尽管国内高新技术企业如雨后春笋般涌现，但高新技术企业的成立年限都比较短，大多数企业为成长期的中小型高新技术企业。因此，与发达国家的高新技术企业相比，我国高新技术企业无论从成立的时间、竞争实力及经验方面来讲，都处于幼年期。

第四节 高新技术企业技术创新及其专利管理现状

高新技术企业已成为我国PCT国际专利申请的主力军，而且在高新技术企业认定中，要求认定企业必须具有一定数量的知识产权。因此，我国高新技术企业都是拥有专利等知识产权的,这也是本书选取高新技术企业作为研究对象的原因。以知识密集、技术密集为特征的高新技术企业能否有效地保护、管理和运用企业的专利,将直接影响企业的生存和发展。我国的高新技术企业在知识产权管理和保护方面仍存在很多问题,同时还面临着跨国公司在我国大量申请专利、对我国实行技术封锁、控制的新挑战。高新技术企业的技术创新成果除了涉及专利的产品创新和工艺创新外,还包括其他形式的创新成果,包括技术秘密、公开成果和发表论文等,通过对一手和二手资料的整理分析,本部分主要对我国高新技术企业技术创新及技术创新过程中的专利管理现状做简要介绍。

一、高新技术企业技术创新现状

在批准第一批国家级高新区以后,1991年,国务院开始组织认定和统计高新技术企业。当时高新技术企业仅有2587家、从业人员13.82万人,工业产值71.2亿元、上缴税收3.9亿元、出口创汇1.8亿美元。而截至2012年底,国家级高新区高新技术企业总数已达45313家,从业人员达1621万人,比1991年增长了117倍;创造工业产值222516亿元,比1991年增长3125倍;上缴税收8378亿元,比1991年增长近2148倍;出口创汇4608亿美元,比1991年增长2560倍(见表3-1)。从以上的对比数据可以看出,我国高新技术企业在整体上的发展进步是非常大的。由于高新技术企业采用的是认定方式,随着科技经济的发展,认定的条件也在发生变化,2008年前后的认定条件是不同的。因此,高新技术企业的数量是不断发展变化的,即使被认定的高新技术企业,每三年也需要进行复审,对于不符合要求的,取消其高新技术企业资格。因此,高新技术企业的统计资料是相对稳定、动态变化的,统计数据具有相对可比性,这并不影响我们从整体上对高新技术企业做出的评判。从表3-1可以看出,2003~2007年5年间,我国高新技术企业数量呈稳步增长趋势,2008年至今,高新技术企业的数量有所下降,这可能与高新技术企业认定条件的变化有关,同时也可能受世界金融危机的影响。但2010年以后,高新技术企业的数量在逐步回升。在营业收入、利税、利润等方面与上述趋势基本趋同，高新技术企业的总体增长势头良好。目前，我国高新技术企业技术创新现状主要体现在以下方面（由于高新区是高新技术企业的聚集区，以下现状描述均来自高新区的统计数据，能够在一定程度上反映我国高新技术企业的普遍现状）。

表3-1 全国高新技术企业主要经济指标（2003~2012年）

指标 年份	企业数 （个）	年末从业人员数（万人）	工业总产值（亿元）	营业总收入（亿元）	实现利润（亿元）	上缴税额（亿元）	出口创汇额（亿美元）
2003	33392	730	32996	35333	2130	1926	901
2004	39490	864	44616	48101	2901	2366	1515
2005	43249	1016	55781	59714	3388	2901	2051
2006	49166	1183	71841	76493	4428	3842	2646
2007	56047	1452	95912	104771	6684	4851	3684
2008	51476	1275	96546	105115	5854	5805	3564
2009	25386	1003	93319	86193	6329	4282	2493
2010	31858	1314	119022	129505	9807	6262	3595
2011	39343	1508	140339	156223	10998	7379	4521
2012	45313	1621	222516	167744	10892	8378	4608

资料来源：国家科技部网站（2013年）。

（一）科技投入强度逐渐增大

高比例的科技投入是高新技术企业保持持续技术创新能力的有力保证。据科技部发展计划司科技统计报告显示，2011年，高新区企业用于科技活动筹集到的资金总额已达到4052.0亿元，高出2010年585.0亿元，比2010年同期增长16.9%。2008年，高新区企业科技活动经费支出总额为2468.3亿元（见图3-2），高出2007年304.8亿元，比2007年同期增长14.1%。2009年，国家高新区企业用于科技活动筹集到的资金总额已达到3066.6亿元，高出2008年445.7亿元，年增长17%。其中，企业筹集资金达到2601.3亿元，来自金融机构的贷款90.4亿元，来自各级政府部门的资金230.2亿元，来自各事业单位的资金6.1亿元，来自国外的资金81.9亿元，来自于其他方面的资金 56.7 亿元。高新区企业科技经费支出总额为 2712.4 亿元。2010 年,高新区企业科技经费支出总额为 3473.0 亿元,高出 2009 年 760.6 亿元,年增长 21.9%。

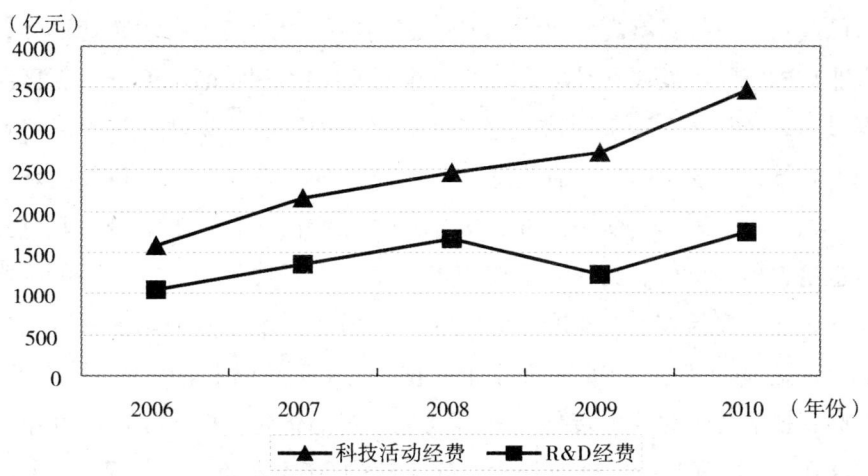

图 3-2 高新技术企业科技活动经费及 R&D 经费支出情况
资料来源:国家统计局网站(作者整理)。

科技经费支出前五位的高新区分别是:中关村科技园区、上海张江高新区、成都高新区、深圳高新区、广州高新区。2008 年,高新区企业 R&D 经费支出为 1658.2 亿元,高出 2007 年 309.4 亿元,比 2007 年同期增长 22.9%。占产品销售收入比重 3.1%,R&D 经费支出占高新区园区生产总值的比重为 7.9%。高新区全部企业 R&D 支出占全国 R&D 经费支出的 35.3%。其中高新区工业企业 R&D 支出为 1139.6 亿元,占全国企业 R&D 经费支出的 36.9%。2008 年,高新区内经认定的 31084 家高新技术企业,R&D 活动经费投入达到 1428.3 亿元,高出 2007 年 237.8 亿元,同比增长 20.0%;占产品销售收入比重为 2.9%,占高新区全部 R&D 活动经费投入的 86.1%。2009 年,高新区企业 R&D 经费支出 1225.2 亿元,比 2008 年降低 433 亿元;2010 年,高新区企业 R&D 经费支出 1740.3 亿元,比 2009 年增加 515.1 亿元。

（二）技术创新能力逐步提高，技术收入结构优化

虽然我国高新技术企业的技术创新能力与美国、日本等高新技术企业相比，仍存在较大差距，但从纵向来看，我国高新技术企业经过20多年的发展，已成长为一批具有高层次人才及一定创新能力的高新技术企业群体，这些企业对国家经济发展和社会进步起着重要的作用。据全国56家高新区统计数据显示，高新区在装备制造、电子信息、生物医药、软件外包等战略性新兴技术领域，出现了一批具有全球知名度并且拥有自主知识产权的高新技术企业，如三一、腾讯、清华同方、华为、中兴通讯、烽火通信、阿里巴巴等。同时也培育出一批机制灵活、适应市场经济需求、技术创新能力强的中小高新技术企业，高新技术企业取得的成绩令人瞩目。2013年，国家级高新区营业总收入达20.3亿元，其中55家企业收入达千亿元以上。

高新技术企业的技术转化收入得到进一步的优化，据科技部统计报告显示，2010年，国家高新区企业技术性收入达到7373.2亿元，占营业总收入的7.6%。其中，企业从技术咨询和服务中获得的收入在技术性收入中占比最高，达到技术性收入的1/2以上。2011年，国家高新区内企业技术性收入达9284.4亿元，占营业总收入的7%，同比增长1911.2亿元。技术性收入中，企业技术转让收入176.0亿元，占1.9%；技术承包收入2053.4亿元，占11.2%；技术咨询收入4544.3亿元，占48.9%；技术委托收入522.7亿元，占5.6%。

（三）高新技术企业技术创新中的专利活动喜忧参半

据国家知识产权局规划发展司的统计报告显示，2012年中国PCT专利申请量为18627件，以13.6%的增速居世界第二。其中，中兴通讯股份公司以3906件申请蝉联全球PCT申请人首位，华为1801件居第四位。科技部统计报告显示，2010年，高新区专利申请量达到124980件，同比增长23.8%，占全国总申请量的10.2%。其中发明专利申请63770件，同比增长25.9%，发明专利申请量占全国总量的16.3%。2010年，国家高新区企业共获得授权专利70378件，同比增长50.5%，授权专利数量占全国总量的8.6%。其中发明专利授权23905件，同比增长47.0%，发明专利授权占全国总量的

17.7%。高新区企业拥有有效专利 188970 件,其中有效发明专利 69168 件,同比增长 27.4%。高新区内每万人拥有发明专利数量为 80.5 件。2011 年,在科技创新活动中,国家高新区企业加大对知识产权的认证和保护,专利申请和授权量持续增长,这进一步激发了企业的创新活力,提高了企业的经营绩效。国家高新区企业当年申请专利数量为 169161 件,其中,申请的发明专利有 79693 件,发明专利申请量占全国发明专利申请总量的 15.2%;当年专利授权数达到 88238 件,其中发明专利授权 29438 件,发明专利授权量占全国发明专利授权总量的 17.1%,占全国企业的 50.7%。截至 2011 年底,国家高新区企业已拥有有效发明专利 104436 件,高新区每万人拥有的发明专利数量为 97 件,是全国就业人员平均水平的 10.7 倍。

另据知识产权局统计资料显示,2012 年在 PCT 国际专利申请前 50 位中,日本有 20 家,美国有 14 家,德国有 5 家,而中国只有 2 家。全球前 500 强申请人中,中国仅有中兴、华为、华为终端、阿尔卡特上海贝尔、大唐、比亚迪、腾讯、深圳华为通信、成都华为赛门铁克、中国移动、西电捷通、联发科技 12 家企业。在 PCT 专利 TOP 50 申请人中,日本的 20 家企业涉及电子、汽车、机械制造、化工等多个领域,美国的 14 家企业同样涉及通信、电子、化工、机械、飞机制造、军工、快速消费品等多个领域。我国的 2 家企业,全部来自数字通信领域,优势企业数量明显不足,产业分布十分单一。

在高新技术领域,我国企业的发明专利申请量仅为同期国外企业申请的 1/4～1/10,且原创性或基础性的发明专利很少。信息技术领域、医药化学领域、彩色电视机和录像机生产方面的重要技术领域外国的发明专利申请占据了总量的 90% 以上,石化行业在国内外行业中专利工作相对较好,但仍有 60% 以上的发明专利被外国企业圈走。

(四)高新技术企业区域分布不平衡

高新技术企业区域分布不均衡与我国区域经济发展不均衡有直接关系,我国高新技术企业主要分布在经济发达和科技创新活动活跃的地区。2008 年,拥有高新技术企业数量最大的 5 个地区在全国高新技术企业总数中的占比达到 60.1%,其中,北京市占到全国数量的 1/3 以上。新认定的高新技术企业主要集中在北京、江苏、浙江、上海和广东5个沿海区域，占新认定高新技术企业总数的55.2%。高新技术企业主要集中在高新区内，2011年，国家批准的高新区总数达到88家，高新区内注册企业数量达38万家。

（五）应用高新技术改造提升传统产业的力度不足

目前，我国利用高新技术改造传统产业依然沿袭外沿改造为主。虽然我国积极引进机器设备，但关键工艺装备还较为落后，对外部技术的依赖较高。由于真正意义上的研究及开发投入很少，导致传统产业的技术水平增长缓慢，这既延缓了对传统产业的技术升级改造，又制约了现有高新技术产业的快速发展。

二、高新技术企业的专利管理现状

随着中国加入世界贸易组织和国家知识产权战略的颁布实施，企业技术创新中的知识产权意识得到不同程度的提高，专利管理能力逐步加强。企业开始重视技术创新成果的专利保护，专利申请的积极性不断提高。2012年，国内发明专利授权数量居前十位的企业中，全部为高新技术企业，其中华为和中兴通讯分别以2734件和2727件高居榜首。但由于高新技术企业专利管理起步晚、经验积累不足、企业之间的差距较大等，仍存在诸多问题。

（一）专利管理机构及制度缺失

我国一些高新技术企业既没有设立专利或知识产权管理机构，又没有配备专职人员负责专利事宜，往往由技术部门、行政部门人员"兼管"（姜艳萍，2008），使专利管理流于形式。企业对知识产权的管理处于初级阶段，且工作内容只是停留在专利申请、缴纳年费、登记备案管理等事务性文档管理方面，还不能称之为真正意义上的"专利管理"。即使配备专门负责处理专利业务机构和人员的企业，也没有制定完善的专利管理规章制度，职责不清晰，不能依法保护企业专利，更谈不上灵活运用专利管理来提升企业的绩效（王涛等，2006）。

在专利管理相关制度的建设方面，虽然有一部分高新技术企业制定了技术创新、商业秘密的制度，但在产权归属、专利转化和激励、专利培训常规化等方面，有的企业规定过于笼统，不具有操作性；有的高新技术企业虽然制定了制度，但在执行过程中，缺少监督和具体实施措施，使制度形同虚设（王涛等，2006）。

(二) 专利管理意识淡薄

高新技术企业的专利管理意识淡薄，主要表现在以下五个方面：

其一，在研发方向上比较注重实效和结果，往往忽视对已有相关专利技术信息的检索，无法有效掌握本技术领域的国内外最新专利信息，易致企业技术研发成果侵权或重复研究及资源浪费。

其二，高新技术企业重战术、轻战略，没有明确的专利战略方向，在专利申请方面也很少做专利技术分析和市场导向分析。以超导为例，我国的研究水平和技术水平与美国、日本两国相当，超导申请的专利仅占这一领域国内专利申请的20%左右。

其三，我国企业比较注重专利技术的自行实施，而忽视对专利技术转让和投资等其他转化方式的运用。

其四，盲目申请专利，忽视对企业主要竞争对手专利技术动态和信息的跟踪与分析，难以及时发现其他企业的侵权行为。

其五，高新技术企业技术秘密和专利保护意识不强，高新技术企业很少有严密的技术保密协议以避免由于企业之间人员流动，从而带来技术泄密情况的发生。

(三) 专利的获取方式单一

目前，我国高新技术企业的专利获取方式主要是通过自主研发，有少数企业会通过联合研发的形式获取专利。这种方式无所谓褒贬，我国提倡企业拥有自主知识产权，但企业需要正确理解"自主"的含义。自主知识产权并非企业完全通过自身研发获取知识产权，而是企业对该知识产权拥有自主的权利，可以从该知识产权的运营中获利而无侵权。在开放式创新条件下，企业实行自主研发的风险非常高，加之技术研发周期长、成本高、效率低等因素的存在，严重制约了高新技术企业的进一步发展，容易形成企业技术的内部锁定。因此，高新技术企业的专利获取方式不应局限于某一形式，而应充分利用内外部创新源，多渠道获取企业生产经营所需的专利，提高生产经营的灵活性。

（四）专利产出水平与质量不高

我国多数高新技术企业为成长型的中小企业，规模较小、研发经费投入有限、研发能力较弱，从而导致高新技术企业总体专利产出数量不足。从专利产出结构上看，发明专利申请比重较小，而实用新型和外观设计所占比重较大。2010年，高新区企业发明专利授权占其授权专利总数的比例为34%，而实用新型和外观设计专利所占比重达66%。同时，我国在高科技领域的专利申请量与国外企业在我国申请的专利数量相比，也存在明显差距。在高新技术领域，如音像技术领域，国外拥有的发明专利数量是国内的3.1倍，发动机领域为2.7倍，燃料电池领域为2.4倍，半导体领域为2.2倍。在家用电器领域，松下、西门子在华有效专利80%以上是发明专利；而在海尔集团拥有的专利中，发明专利比重是15.6%，美的集团仅为1.6%。在专利拥有量过千件的汽车制造企业中，通用汽车发明专利所占比重是98%，丰田是66%，而奇瑞不到8%，长安汽车仅有3.4%。

我国近些年的发明专利申请多集中在中药（占98%）、软饮料（占96%）、食品（占90%）、中文输入方法（占79%）等领域。而国外发明专利申请则主要集中在一些高技术领域，如光学记录（占95%）、无线传输（占93%）、移动通信（占91%）、电视系统（占92%）、传输设备（占89%）、半导体和电视零件（各占85%）。尤其在国内信息技术领域，大部分的发明专利均掌握在日、美、韩、德等少数国家手中（顾金亮，2004）。这种专利申请结构和状况客观地反映了我国高新技术企业研发能力较弱、研发水平偏低的现状。低质量的专利难以为企业带来真正的经济效益，相反，企业还要耗费大量的人力、物力对其实施管理，增加了企业的运营成本。

（五）专利商业化水平低

专利的维持时间是表征专利运用与商业化水平的关键指标。在专利的有效期内，专利的维持时间越长，说明其创造经济效益的时间越长，市场价值也越高。以发明专利为例，国家知识产权局的统计显示，国内有效发明专利维持时间超过 5 年的有 46.7%，超过 10 年的有 4.6%；国外维持时间超过 5 年的有 83.5%，超过 10 年的有 23.8%。2010 年失效的发明专利中，国内平均寿命是 5 年，国外则为 9 年。充分反映国内创新主体掌握的专利仍以"短平快"为主。

本章小结

本章对专利管理和技术创新绩效的概念进行了详细的剖析和阐述，明确界定了二者在本书中的内涵与外延。本章还对研究对象——高新技术企业的范围和特点做了详细的总结与归纳，并简要介绍了美、日两个发达国家在发展高新技术企业方面的经验。在此基础上，简要描述了我国高新技术企业专利管理与技术创新的现状。本章对关键概念内涵的界定，为专利管理与技术创新绩效关联模型的构建奠定了理论基础，并将传统的资源观理论应用到开放式创新环境下的专利管理领域，具有理论创新价值。

通过概念分析，本章的主要结论有：

第一，专利作为一种创新资源投入，具有经济属性、产权属性、知识属性和无形性，是企业非常重要的战略性资源。企业需要采取有效的措施保护其对专利拥有的所有权、收益权、处置权等。知识产权尤其专利权是各方博弈的结果，迄今为止，知识产权是能为企业创新成果提供保护的最佳形式。因此，专利与技术创新之间存在密切的关联关系，对专利的管理也必定会对企业的技术创新绩效产生影响。

第二，专利管理贯穿技术创新的全过程，专利作为技术创新的资源投入，会对企业技术创新产生重要影响。正是基于这一研究思想，本书借鉴了事务型、类型界定和专利作用等专利管理概念界定中的优点并克服三者存在的局限性,从专利获取、专利保护、专利商业化三个有机环节出发,提出了专利管理的概念。本书认为,专利管理是企业在开放式创新环境下,根据市场需求,通过内部研发创新或外部途径获得专利所有权或使用权,并在一国专利法律保护的框架内制定本企业的专利保护制度和办法,根据本企业实际情况,将专利作为一种资源投入,决定专利技术的商业化方式,并充分运用本企业的生产条件或市场地位进行自主转化或对外许可,保证专利技术顺利商业化,以获取市场利润并提升技术创新绩效的一系列活动。

第三,从高新技术企业作为一种经济实体肩负的双重使命出发,提出企业在获取经济利益的同时还要兼顾社会责任,这是企业获得长远发展的基础。因此,本书在衡量高新技术企业技术创新绩效时,提出经济效益和社会效益两个测量维度。本书认为,技术创新绩效是企业一定时期内的技术创造或改进成果,通过商业化或持续创新能力的提升在其经济效益和社会效益上的综合体现。

第四,梳理了国内高新技术企业的发展脉络及我国对高新技术企业的认定条件,明确划定了本书研究对象所具备的基本条件,并探讨了高新技术企业的共性特点。同时,简要介绍了美、日发展高技术企业的经验,其中美国的教育、风投基金及日本的二次创新、政府主导等经验,都是结合我国国情发展高新技术企业并可以进行借鉴与学习的。

第五,在前面理论概念及特性刻画的基础上,本章还介绍了我国高新技术企业在技术创新和技术创新过程中的专利管理现状。从横向比较来看,我国高新技术企业与国外发达国家的高技术企业还存在质的差距;从纵向比较来看,我国高新技术企业也取得了令人瞩目的成就。在看到成绩的同时,高新技术企业也存在诸多短板,在技术创新中的专利管理现状堪忧,重数量、轻质量,重申请,轻运营,企业技术创新与专利管理严重脱节,存在"两张皮"现象,这阻碍了我国高新技术企业的进一步发展。

本章的研究只是在概念层面界定了专利管理和技术创新绩效,在理论上厘清了专利管理与技术创新绩效之间的关联关系。本章内容对接下来的影响因素分析和理论模型构建具有基础性作用,有助于加深对高新技术企业专利管理与技术创新绩效关联的认识。

第四章 企业专利管理与技术创新绩效关联的影响因素

本书第三章对专利管理、技术创新绩效做了明确的概念界定,并剖析了高新技术企业的特点,简要介绍了高新技术企业技术创新及技术创新过程中的专利管理现状,实现了专利管理与技术创新绩效的概念理论结合。根据文献综述及概念分析,本书认为专利管理与技术创新绩效之间存在关联关系。但这只是结合概念与现状上升到理论上的浅层次概述,因为专利不仅是技术创新成果的一种保护形式,授权专利作为一种资源投入还会影响技术创新。企业专利管理与技术创新绩效关联的影响因素有很多,包括技术因素、非技术因素、内外部的环境因素等(Ahuja,2000;George and Zahra,2002;Verdu – Jover et al.,2005;Chesbrough,2006),而单独影响专利管理或技术创新绩效的因素,也会在一定程度上影响二者之间的关联关系。曹勇和赵莉(2011)认为,企业专利管理与技术创新绩效的关联体现在企业的各项能力中,如开放式创新能力、资源配置能力、R&D能力等。有研究指出,技术创新是包括创意产生到研发、制造及商品化的全过程(傅家骥,1998;许庆瑞,2000;柳卸林,2000;Hagedoorn and Cloodt,2003)。因此,综合前期文献关于二者之间影响因素的分析,并结合本研究的特点,本书考虑开放式创新环境下企业专利管理与技术创新绩效动态、系统及全过程的关联。本章拟紧紧围绕开放式创新背景下高新技术企业技术创新的主线,从技术创新的外部资源搜寻——开放度、技术创新的内部条件——持续创新能力、技术创新的内部结果或外部环境——技术锁定三个主要方面,深入探讨影响企业专利管理与技术创新绩效关联关系的因素,为下一章的理论模型构建奠定框架基础。

第一节　开放度对二者关联的影响

开放度（Openness）是在开放式创新理论中延伸出来的概念。Chesbrough（2003）在其专著《Open Innovation》中首次提出开放式创新模式的概念。开放式创新是指企业在技术创新过程中，同时利用内部和外部互补性创新资源实现创新，企业内部技术的商业化路径既可以从内部进行，也可以通过外部途径实现，并在创新过程中的各个环节与多种合作伙伴进行动态合作的一种创新模式。开放度是在开放式创新环境下，企业在技术创新过程中对内外部资源的开放与利用程度。Laursen 和 Salter（2006）、陈劲和陈钰芬（2008）从开放的广度和深度两个维度衡量开放度。Dahlander 和 Gann（2010）认为，开放度可体现在如下方面：①外部创新源的数量；②企业对与之建立了正式或非正式合作关系的外部创新参与者的依赖程度。外部创新源包括外部合作伙伴（Pisano and Verganti, 2008；Dahlander and Gann, 2010）、外部技术（Lichtenthaler, 2008）。Laursen 和 Salter（2006）以英国 2707 家制造业企业作为研究对象，分析了企业技术创新开放度对创新绩效的影响，发现开放度与企业创新绩效存在倒"U"形关系，即企业越开放，创新能力越强，但过度开放会对企业的创新绩效产生负面影响。陈钰芬和陈劲（2008）深化了创新开放度的研究，分析了不同产业企业的创新开放度对创新绩效的影响。

在技术创新过程中，过多地利用外部创新源可能会影响企业内部研发部门的战略性地位，造成对外部技术的过度依赖，导致在关键技术上受制于合作伙伴（Johnsen and Ford, 2000），严重的话还会造成核心能力的丧失。对于高新技术企业而言，采取开放式创新模式的最大威胁是关键技术知识的泄露（Laursen and Salter, 2005）。当与潜在的竞争对手合作研发时，信息泄露问题最为严重（Tidd et al., 1997）。而对于非竞争企业间的合作，也面临着信息泄露的问题，一些敏感的商业信息和技术知识可能通过共同的供应商或用户泄露给竞争对手（Johnsen and Ford, 2000；Belderbos et al., 2004）。专利作为创新性资源的保护形式，能够为该类创新资源提供法律性保护，且专利具有私权属性，是有效规避信息泄露风险的手段之一。学者们认为，开放度是对外部合作伙伴或外部技术的利用，而开放式创新还包括企业内部信息技术的对外开放。因此，开放度对专利管理与技术创新绩效之间关系的影响主要体现在交易方式、信息搜寻、管理成本等方面。

从交易方式方面来看，开放度对企业专利管理与技术创新绩效的影响，具体体现为企业采用何种专利交易方式，因为这种交易方式对企业技术创新绩效产生的影响。企业获取外部专利技术的方式包括购买、许可、并购等，而企业内部专利技术的对外开放指外部企业或组织对该企业专利技术的利用程度或对该企业专利技术的依赖程度，专利交易方式包括转让、许可、技术入股、咨询等。企业需要根据自身实际情况，结合企业的整体战略，综合考虑采用一种或几种专利交易方式，这些交易方式会对企业的技术创新绩效产生影响。企业获取外部专利技术的方式是包含在专利获取环节中的，企业内部技术的对外开放是包含在专利商业化环节中的。因此，交易方式对专利管理与技术创新绩效关系的影响体现在专利获取、专利商业化、资源配置能力中，并分别从资金投入（Artz et al., 2010）、专利联盟（Lichtenthaler, 2010）、专利交易方式（Arora et al., 2006）、外部创新源（Chesbrough, 2003; Laursen and Salter, 2006; Yam et al., 2011）等方面进行衡量。

从信息搜寻方面来看，在开放式创新条件下，企业的开放度越高，表明企业的信息来源渠道越广，搜寻的信息量也越大，企业内部信息被外部利用的可能性也越高。在信息网络时代，企业接受的信息是海量的，企业需要的信息也是多样的，如搜寻技术信息、合作伙伴信息等。由于传播渠道的多元化，信息存在真伪，企业需要对信息进行过滤并筛选对企业有价值的信息，有时甚至需要对默会性信息知识进行编码化，对信息进行加工、整理、分析，以便于企业的吸收和利用，从而需要企业建立一套成熟的信息搜寻机制，从而导致企业信息搜寻成本提高。同时，可以节约企业的研发成本，缩短研发周期，提高研发成功率。总体而言，信息搜寻对企业是有益的。信息搜寻对企业专利管理与技术创新绩效关系的影响，体现在学习能力、R&D 能力、制度能力中,并分别在专利数据库的使用(Yam et al.,2011)、对行业前沿知识的跟踪、市场客户信息收集及制度的持续改进等方面得到体现。

从管理成本方面来看,开放条件下企业面对的内外部环境更加复杂。创新充满了不确定性,罗炜(2001)指出,由于信息发送方和信息接收方的信息不对称,企业需要花费大量的时间、精力与对方进行沟通和交流,为了促进信息交流渠道的畅通,企业需要投入额外的管理成本。由于不同组织目标的异质性和不可预见性,潜在合作伙伴之间存在价值观与文化冲突,而为了减少合作伙伴的机会主义行为,企业必须花费额外的精力监督对方是否按照约定投入了足够的资源和努力,这就增加了协调成本和管理的难度。因此,在开放式创新条件下,企业不仅需要对内部事务进行管理,还需要对与企业相关的外部事务进行管理,由于管理对象增加,从而对企业的管理能力要求提高。专利管理具有特殊性,需要具备专业知识的专门人才或设立专门机构进行管理,这也会对企业的组织结构产生影响,因此,企业的管理成本也会相应增加。管理成本对企业专利管理与技术创新绩效关系的影响主要体现在专利保护、学习能力、资源配置能力和制度能力等因素中,并分别从企业的专利机构或专利职能人员配备、员工的内外部培训、人力资源规划和规章制度的完善等方面进行衡量。

由以上分析可知,开放度对企业专利管理与技术创新绩效之间的关系存在影响,但本书的研究框架中并没有将开放度作为单独的因素提出。这是因为,开放度是内生于开放式创新理论下的一个概念,并且嵌入在企业专利管理与持续创新过程之中,如果将开放度与专利管理、持续创新能力割裂开来,会造成专利管理与持续创新能力测度的不完整,脱离企业的实际情况。目前,学界有关于开放度测量的少量研究,尚未出现公认的、一致的研究结论。所以,本书在前人研究的基础上,结合我国高新技术企业的实际情况,将开放度的思想贯穿在专利管理与持续创新能力这两个因素的测度中。

第二节 持续创新能力对二者关联的影响

随着技术的迅猛发展，通信技术的迅速成长和全球化竞争的加剧，制造商必须持续地开展创新活动来维持竞争优势（Alter and Hage，1993；Brown and Eisenhardt，1998），这对高新技术企业而言尤为重要。从持续创新能力的文献研究可以看出，企业持续创新能力的概念是在解释创新绩效、竞争优势及其持续性的过程中提出的（汪应洛，2002；向刚等，2005；Shang et al.，2008）。因此，企业的持续创新能力是企业在其经营存续期间，以技术或产品为核心，能够持续不断地推出、实施新的创新项目，以获取竞争优势，并从中持续实现经济效益和社会效益的能力。持续创新是一种方式和过程，持续创新能力对企业专利管理与技术创新绩效的影响是过程导向的。所以，持续创新能力对高新技术企业专利管理与技术创新绩效的影响主要体现在竞争优势、制度建设、产品生命周期等方面。

从竞争优势方面看，高新技术企业竞争优势的持久不在于某件产品或某项服务的优势，而取决于其长期实施产品、服务与过程创新的能力，高新技术企业持续竞争优势只能来源于持续创新能力（房春红，2008）。持续创新能力对企业专利管理与技术创新绩效的影响主要体现在企业的竞争优势方面。"资源观理论"认为，企业竞争优势来源于拥有有价值的、稀缺性的、难以模仿的以及不可替代的资源（Barney，1991）。在企业的诸多资源中，专利是技术创新的主要投入，是企业重要的战略性资源。专利中的发明和实用新型因具备创造性、新颖性和实用性，在很大程度上体现了企业的技术创新水平，并影响企业的创新绩效。因此，专利构成了高新技术企业竞争优势的来源（Coff，1999；Grant，1996；Kogut and Zander，1992；McGrath et al.，1996）。在全球化日益激烈的国际竞争环境下，知识产权尤其是专利已经成为高新技术企业参与国际竞争的利器，可为高新技术企业竞争优势的获取提供源源不断的动力。竞争优势对企业专利管理与技术创新绩效关系的影响主要体现在经济效益和社会效益两方面,并分别从高新技术企业是否在行业内领先推出新产品或新服务(张方华,2004;方刚,2008;伍蓓等,2009)、更高的创新成功率(嵇登科,2006)及生产、服务过程的环保程度(单红梅,2002)三个方面来考察。

从制度建设方面看,持续创新能力对高新技术企业专利管理与技术创新绩效的影响还体现在企业拥有怎样的制度,以及这些制度对高新技术企业专利管理或技术创新绩效会产生怎样的影响。创新是高新技术企业生存和发展的灵魂,制度则是保障。制度是高新技术企业管理系统的基本框架,是保证企业正常生产经营管理秩序不可缺少的、影响全局的规范和准则,是对企业全体成员皆须遵守的和企业的专业性职能管理系统工作的职能、管理原则、工作流程、方法等所做出的原则性的要求。高新技术企业要获得持续的创新能力,必须建立一套行之有效的制度机制来保证其形成、实施,制度需要具有权威性、稳定性,同时又不失灵活性。高新技术企业的持续创新是动态发展的过程,所以,高新技术企业制度建设必须在稳定的基础上保持对内外部环境变化的灵敏性。好的制度会增强企业管理的科学性、公平性,有利于激励员工的技术创新,使企业的持续创新成为一种制度化、常规化的行为,进而提高企业的技术创新绩效。制度建设对高新技术企业专利管理与技术创新绩效关系的影响贯穿学习能力、资源配置能力、R&D 能力及制度能力,并分别从员工创新激励(Yam et al.,2011)、人力资源规划(Burgelman et al.,2004;Yam et al.,2011)、研发成果转化机制(Yam et al.,2011)、制度完善程度(Dunning and Lundan,2010)及员工对制度的认可度(彭建平等,2010)等方面进行衡量。

从生命周期来看,本书中的生命周期主要是指产品或内嵌于产品中的技术的生命周期。学者研究发现,技术同普通产品一样,也存在从产生到衰退的生命周期发展过程。持续的创新是产品、技术的迭代发展,同时也遵循技术或产品的生命周期发展阶段,一般会经历产生、成长、成熟到衰退四个阶段。对于拥有持续创新能力的高新技术企业而言,即使技术或产品处在成熟期的后期或衰退期,只要该技术或产品仍有市场需求,企业仍然能够通过自身的研发努力,延长产品或技术的生命周期,并能够在原有技术或产品的基础上，开发新技术产品。在不同的技术或产品生命周期阶段，对专利管理的要求也是不同的（Chesbrough，2006；Cao and Zhao，2011），企业不能采取"一成不变"的专利管理方式管理其拥有的所有专利技术。Cao 和 Zhao (2011) 在其研究中提出了基于技术生命周期的企业专利管理模式，通过对专利技术各阶段有针对性的管理，可以提高企业的创新绩效。技术或产品生命周期对高新技术企业专利管理与技术创新绩效关系的影响更多地体现在专利管理方面（专利获取、专利保护、专利商业化），进而会对技术创新绩效产生影响。这种影响主要从专利引进（Chesbrough，2006；Cao and Zhao，2011）、专利风险评估（Czarnitzki and Toole，2008）、专利运营方式（Arora et al.，2006；Chesbrough，2006；Cao and Zhao，2011）等方面来考察。

综上，持续创新能力作为高新技术企业专利管理与技术创新绩效的影响因素，在企业的竞争优势、制度建设及产品/技术生命周期中发挥着至关重要的作用，决定了企业的生死存亡，同时也是促进企业成长的保障。尤其对高新技术企业而言，在技术更新日新月异的时代，技术、产品的生命周期日益缩短，持续创新能力是其核心竞争力，连接了企业的专利管理与技术创新绩效，专利管理会对企业的持续创新能力产生影响，进而影响企业的技术创新绩效。因此，本书着重分析了持续创新能力对专利管理与技术创新绩效的影响，并从学习能力、资源配置能力、R&D 能力、制造能力、营销能力、制度能力六个方面测度高新技术企业的持续创新能力。

第三节　技术锁定对二者关联的影响

现有文献研究认为技术锁定主要是市场选择的结果，即某项技术被采用得越多，市场对其依赖程度也越大，其他技术会逐渐淡出市场（Rosenberg，1982；Arthur，1989；丁重和张耀辉，2009）。这些研究大多基于宏观或中观层面，研究结果认为低技术锁定不利于社会的技术进步和经济发展。本书所指的技术锁定主要是基于微观层面的研究，是指高新技术企业对其主导产品或服务所采用技术的投资及依赖程度或市场占有程度，使得企业不愿或不能更快地采用其他技术或新技术。微观层面上的技术锁定是把"双刃剑"，它既可能对企业的技术创新绩效产生积极影响，也可能产生消极影响。积极影响主要表现在：技术锁定与标准相关，拥有锁定技术的企业，其技术在市场中已形成事实标准或法定标准，企业可以利用这种优势地位制定行业技术标准。所以，从企业是否积极主持或参与国际、国内行业标准的制定，也可以看出企业的市场地位。如果企业在市场中处于垄断地位，能够使市场所采用的技术锁定在本企业技术上，本企业就可以获取垄断利润，提高技术创新绩效。消极影响主要表现在：企业在现有技术上的设备、技术、人员的大量投资，提高了企业采用新技术的机会成本，使得企业很难及时选择更先进的、更适用的技术，形成技术依赖，从而使技术锁定于现有"次优"技术，造成企业技术创新的低效率（姜劲等，2006）。

在企业内部，"Not-Invented Here（NIH）综合症"是造成技术锁定的原因之一。NIH是指一个稳定的研发团队认为唯有他们才拥有某一领域的权威知识，因而拒绝接受任何来自外界的新思想，逐渐丧失研发积极性，进而降低研发组织绩效的现象（施春来，2009）。Chesbrough（2006）认为，"NIH综合症"是企业开放式创新的内部阻力，它是部分基于企业的仇外态度，即企业不相信来自外部的、不同的技术。"NIH综合症"出现的原因是非常复杂的，既可能与企业的组织文化、人员构成、管理效果、高层支持等因素有关，也可能与研发团队的环境氛围、研发思想、创新模式等因素相关。"NIH综合症"的负面效应非常明显，它滋长了企业的研发惰性，尤其在技术变化日新月异的环境下，年轻的、成长性企业选择技术的机会是稍纵即逝的，但选择的结果对企业来讲却是性命攸关的。企业克服"NIH综合症"的方法包括：

（1）加强与外部的研发创新合作。企业没有必要拘泥于建立内部R&D实验室，如Dell和Cisco进行广泛的外部研发，而非在企业内部建立传统的研发机构。由于公司的成长主要依赖外部技术，所以内部R&D组织在开拓外部技术时的风险较小。

（2）改变经营模式。对企业的运营模式进行改变，明确落实责任部门与责任人，以降低"NIH综合症"的内部阻力。

(3) R&D 部门的人事变革。当大型、成熟企业内部定位战略的失败已成为广泛认可的事实时,企业就会采取开放的技术研发战略。企业通常采取的措施是裁减 R&D 员工,以让在岗的 R&D 员工产生危机感,意识到不采取更佳的研发方式将会面临失业(Chesbrough,2006)。

房春红(2008)认为,持续创新能力在增强高新技术企业研发活动的同时,如果演变成为核心刚性,也会阻碍企业的研发活动。由于核心刚性的存在,使得高新技术企业核心能力无法应对技术快速变迁和不确定性所形成的超竞争(Hyper-competition)环境,从而使企业依赖现有技术。即企业过去使用的技术会影响其现在及未来的技术选择,甚至可能成为阻碍企业发展的包袱,这也是企业内部技术锁定的原因之一。Teece 等(1997)最早提出能力形成过程中技术锁定的问题,他们认为持续创新能力的本质存在于企业的组织流程中,由企业的资产地位和组织流程的发展路径决定。由核心刚性导致的技术锁定,对企业影响也是一分为二的。当企业目前的技术路径不适合经济发展和市场需要时,企业需要快速采取措施改变决策或更换决策者或借助外力消除能力刚性带来的负面影响。

通过分析高新技术企业技术锁定产生的原因,可以清晰地看出技术锁定可能对专利管理与技术创新绩效产生的影响。由前面的分析可知,微观层面企业的技术锁定表现为企业内部锁定和企业外部锁定。内部锁定是企业受限于自身现有技术,在现有技术上的前期投入使得企业很难跟进外部最新技术,也可以称之为技术的"自我锁定"。而外部锁定则是企业自身的技术,占有较大的市场份额,从而使市场锁定于该项技术。目前,从我国高新技术企业的整体情况来看,技术锁定的状况一般是"自我锁定";而外部锁定更多地体现在高新技术企业作为技术追随者,被国外跨国公司专利、技术标准锁定,处于"被锁定"的状态。此外,高新技术企业技术锁定形式还受企业对外开放度的影响,如果企业的对外开放度较低,创意、研发、申请专利到商业化的路径主要在企业内部进行,企业为此耗费了大量的人力、物力和财力,这种情况就很容易使企业的技术锁定于内部,形成企业技术创新上的"自我锁定",会对企业产生消极影响。如果企业的对外开放度较大,自主创新能力强,从创意到商品化的过程中能够较多地利用外部信息及外部创新源,企业的技术产品能够相对容易地被市场接受并锁定市场,形成技术标准,行业内的其他企业迫于市场压力,会选择退出该技术市场或采用该项技术或围绕该项技术开发外围技术,从而形成高新技术企业的"外部锁定"。该项技术生命周期内的"外部锁定",对企业具有积极影响,可以提高企业的技术创新绩效;如果企业的自主创新能力弱,尤其在核心专利技术方面受制于人,对外部技术的依赖程度较高,此时高新技术企业处在"被锁定"的状态,最终会负向影响企业技术创新绩效。

总而言之,不管是宏观层面还是微观层面的技术锁定,都会与市场经济中的经济实体——企业息息相关。从长期来看,技术锁定不利于技术的进步和高新技术企业的长远发展。因此,高新技术企业应提升持续创新能力,使技术路径锁定转变为技术路径创造。虽然这种转变对企业来讲是非常困难的,但 Rycroft 等(2002)认为技术创新系统毕竟是开放的系统,随着环境的变化,创新主体终将会从他们嵌入的系统中转变出来。本书认为,考察一个企业是否被自身的技术锁定,可以从三个方面进行衡量:企业现有主导技术产品的收益是否是递增的(Arthur, 1994);企业从现有主导技术转向新技术的难易程度(姜劲等, 2006);企业现有技术与原有技术的差异程度(Stack and Gartland, 2003)。本书通过以上三个指标衡量企业的技术锁定,研究技术锁定对企业专利管理与技术创新绩效产生的影响。

本章小结

本章围绕开放式创新条件下的技术创新主线,深入剖析了高新技术企业专利管理与技术创新绩效的影响因素。通过详细的理论分析,识别影响二者关联关系的主要因素:开放度、持续创新能力与技术锁定。在此基础上,根据文献研究,详细探讨了每项影响因素对二者关联关系的影响,为第五章关联模型的构建,奠定了理论基础。本章的重要性体现在其具有承上启下的过渡作用,既是前面两章的成果积淀与梳理,又是后面理论模型构建、量表开发的基础。

第四章 企业专利管理与技术创新绩效关联的影响因素

首先，开放度是内嵌于开放式创新中的概念，体现在高新技术企业专利管理与技术创新的全过程中，是高新技术企业在技术创新过程中利用外部创新源及内部技术、资源的对外开放程度。本书在理论溯源的基础上，发现开放度的思想贯穿于专利管理与技术创新中，对二者关联的影响主要体现在交易方式、信息搜寻和管理成本等方面。所以，本书在专利管理与技术创新绩效的关联中并未将开放度作为独立因素专门开发量表，而是将开放度的思想体现在企业专利管理与持续创新能力两大因素中。

其次，持续创新能力是高新技术企业的核心竞争力。持续创新能力是指在高新技术企业的生产经营存续期间，以技术或产品为核心，能够持续不断地推出、实施新的项目，获取竞争优势，并能从中持续地实现经济效益和社会效益的能力。其对企业专利管理与技术创新绩效的影响主要体现在竞争优势、制度建设、产品生命周期三个方面。对持续创新能力的衡量主要体现在六个维度上：学习能力、资源配置能力、R&D 能力、制造能力、营销能力与制度能力。

最后，本章探讨了技术锁定因素对高新技术企业专利管理与技术创新绩效关系的影响。现有研究认为技术锁定包括宏观层面和微观层面的研究，微观层面的技术锁定可以分为企业内部技术锁定和外部技术锁定。内部技术锁定与企业的持续创新能力有关，持续创新能力如果形成核心刚性，就容易导致高新技术企业的技术"自我锁定"；外部技术锁定与标准相关，在企业的技术产品生命周期内，外部锁定对高新技术企业是有益的。但对现阶段的我国高新技术企业而言，企业面临的外部技术锁定主要是被国外跨国公司专利、技术标准锁定。但无论何种形式的技术锁定，从长远来看，都不利于社会技术进步的。因此，我国高新技术企业更要加强专利管理，提升持续创新能力，突破技术锁定避免核心刚性的形成。所以，本部分还从理论分析上提出了高新技术企业克服技术锁定的方法。

本章的研究是对企业专利管理与技术创新绩效关联的深入、细致探讨，具体细化了二者之间的关联因素，为二者关联关系的研究从理论层次的分析进入到实践层次的操作提供了保证。第五章将在本章研究的基础上，构建高新技术企业专利管理与技术创新绩效的关联模型，并根据变量之间的关系，提出研究假设。

第五章 企业专利管理与技术创新绩效的关联概念模型

随着高新技术企业内外部竞争环境的变化，创新的不确定性增大，影响其技术创新绩效的因素逐渐增多。而高新技术企业专利的获取方式、经营模式也发生了很大变化，企业如果继续采用在传统封闭创新模式下一成不变的专利管理模式（Chesbrough，2006；Cao and Zhao，2011），势必影响企业的持续创新能力，进而影响企业技术创新绩效。目前，技术创新绩效的理论研究日益关注知识产权尤其是专利管理的作用（Sanjaya，2003；Hurmelinna et al.，2007；Forero-Pineda，2006；Borg，2001；周寄中等，2009），高新技术企业作为创新的主体，是专利的主要创造者和使用者（OECD，1997；Lichtenthaler，2009）。专利是高新技术企业生产经营的资源投入，在持续创新能力的培育中，专利更是以其价值性、稀缺性、难以模仿性成为企业的优质资源。但是，企业对专利的管理是涉及多阶段、多维度的动态过程，受多种因素的影响。所以，企业拥有高质量的核心专利，并不代表拥有优质的专利组合，更不代表必定产生良好的技术创新绩效。虽然专利对高新技术企业参与市场竞争的重要性已经显现，但高新技术企业专利管理与技术创新绩效的关联关系如何？专利管理如何影响技术创新绩效？在二者的关联中，持续创新能力发挥着重要的作用，而技术锁定则是需要特别关注的因素。

技术创新本质上是一种螺旋式上升的过程（陈仲伯，2003），专利管理之所以对高新技术企业技术创新绩效产生影响，关键在于通过技术创新中的专利获取、专利保护和专利商业化直接作用于技术创新绩效，也通过持续创新能力的提升影响技术创新绩效。但在二者的关联过程中，企业还需要密切关注技术锁定的调节效应。

本章首先根据现有文献进行理论分析，进一步探究专利管理如何影响持续创新能力进而影响技术创新绩效，并揭示技术锁定的调节效应。最后，构建本书的理论研究模型，提出具体的研究假设。

第一节　动态流程视角的专利管理与技术创新绩效关联机理

结合专利管理与技术创新的动态发展特性，本书基于动态流程的视角探讨专利管理与技术创新绩效的关联关系，二者的关联是基于内外部环境的变化，通过专利管理的三个环节，在技术创新过程中产生的。专利管理中的专利获取、专利保护和专利商业化是高新技术企业专利运营的环节，贯穿技术创新的全过程（见图 5-1）。技术创新的过程包括创新构思产生、技术开发、产品设计、试制及市场营销等的一系列过程（许庆瑞，2000），这个过程是使隐性知识显性化，显性知识权利化，然后将其转化为具有差异化的新产品新服务，取得良好的技术创新绩效并实现企业利润最大化的过程。对于国内大部分的高新技术企业而言，目前主要处于制造业领域，向市场提供的是有形产品。因此，高新技术企业专利管理与技术创新绩效的关联涵盖传统意义上的生产制造环节。

基于资源观的视角，本书认为专利获取是企业技术持续创新的前提，专利保护是专利获取和专利商业化的保障，专利商业化是专利获取和专利保护的最终目的。专利管理与技术创新绩效的关联是全过程的、动态发展的，因此，技术创新流程中的各个环节并非完全独立、依次进行，而是相互关联、交叉反复的过程。本书基于动态流程的视角，根据专利管理的三个环节将专利管理与技术创新绩效的关联划分为三个阶段：获取阶段、保护阶段、商业化阶段。在二者的关联中，内部环境是指企业面临技术创新的不确定性及项目特性，技术创新的不确定性包括技术创新过程的不确定性和技术创新结果的不确定性。在开放式创新的环境下，技术创新的过程更加复杂，许多不同

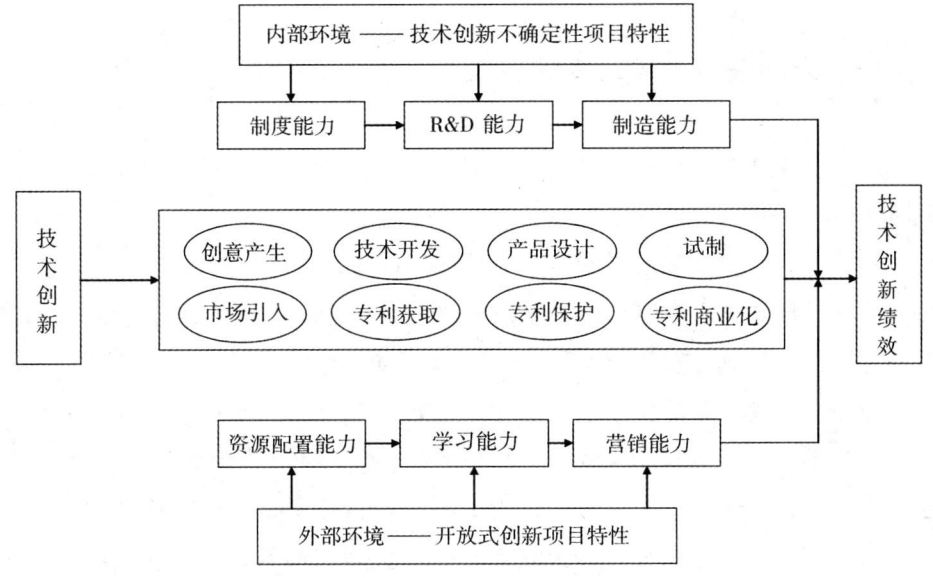

图 5-1 专利管理与技术创新绩效的关联机理

的主体都会参与其中（Afuah，1998；Chesbrough，2003），这更增加了企业对技术创新过程控制和管理的难度。虽然各创新主体参与企业创新过程并成为创新输出的必要条件，但技术创新能力的形成更加重要（Narvekar and Jain，2006）。

　　Mueser（1985）在整理分析了近300篇相关论文的基础上，提出了技术创新的定义，认为技术创新是以其构思新颖性和成功实现为特征的非连续性事件。而持续创新能力的形成使高新技术企业的技术创新常规化成为可能，在专利管理与技术创新绩效关联机理中，受外部环境影响的学习能力、资源配置能力、营销能力及由内部环境决定的制度能力、R&D能力、制造能力等形成企业的持续创新能力，并对专利管理与技术创新过程的关联产生影响作用。企业各项能力的存在是二者关联的动力和保证，只有各项能力综合形成的合力大于各项能力的加总之和，持续创新能力才会对二者的关联产生正面影响。

一、专利获取阶段二者的关联

高新技术企业的盈利模式离不开对新技术的拥有或使用，企业技术研发策略来自于对外部环境的感知及其对自身能力的分析和判断。在技术变化日新月异的时代，企业必须时刻跟踪、关注本行业领域的前沿技术和发展趋势，高度关注市场需求，开发市场需要的高新技术产品。高新技术企业的技术创新活动，比较依赖外部的科学知识和技术活动，包括大学、科研院所的学术研究和技术开发。高新技术企业的技术创新活动，首先来自于对外部环境及对竞争对手相关研究活动的分析，结合企业实际判断技术发展方向和可行性，以及未来专利申请的情况，决定技术立项。高新技术企业评价外部组织创新情况的主要方法是技术分析，即利用专利信息数据库，查阅科技文献，通过信息收集、整理和分析来确定相关的外部技术环境，制作专利地图，用于指导企业的技术创新。如成都地奥集团在选择项目和技术引进时就非常重视技术的独占性情况，优先考虑有专利保护或可以获得知识产权的项目（陈欣，2007）。

项目立项后，高新技术企业需要根据自身的情况决定研发方式，既可以通过内部的自主研发产生专利，还可以通过与科研机构、高校、竞争者等合作研发或引进外部技术成果，然后在此基础上进行二次创新。在开放式创新环境下，企业有多种获取专利的渠道，获取阶段是高新技术企业通过研发或外部渠道获取生产或提供某项产品或服务所需的专利技术。研究表明，具有成熟、完善的内部 R&D 组织的企业能够更加有效地利用外部私人和公共领域的知识、信息。企业还需要注意研发过程中的知识产权保护，与合作伙伴或内部技术员工签订保密协议，并约定研发成果的归属及利益分配方式，以避免技术成果获得后产生不必要的纠纷（Cao and Zhao, 2011）。

研发取得阶段性或最终成果后，企业必须寻求一种较好的方式来保护其技术成果，以维护自身的竞争优势和市场地位。金泳峰（2009）指出，没有一家高科技企业会让自己的创新成果在没有专利保护的前提下进入市场提前曝光，进而被大量仿冒品低价冲击，丧失市场。在信息网络时代，技术知识的传播速度和广度是前所未有的,企业自身的技术研发成果也会以很快的速度暴露给竞争对手。而知识产权保护是目前高新技术企业能够获得的保护其技术创新成果的最好方式之一,Ernst(2001)认为技术创新成功的方式之一就是专利申请。虽然技术的更新换代日益加快,产品的生命周期日益缩短,而企业申请专利尤其是发明专利具有一定的时间周期,市场机会又是稍纵即逝的,尤其在电子信息行业,高新技术企业如果选择申请专利,有可能会错失最佳的市场良机。但高新技术企业必须注意到另外一种现象,专利已不仅仅是企业的防御性工具,更发挥着战略性工具的作用,可以用来打击竞争对手,通过专利钓饵行为,专利本身就可以为企业带来丰厚的利润;而反向工程(Reverse - engineering)又使企业的技术处于被模仿、被侵权的境地。在这种两难的景况中,企业对研发技术成果是否申请专利保护,成为企业的一场博弈战。高新技术企业可以根据自身的市场地位、所在市场的专利保护水平,综合考虑研发技术的专利化。

高新技术企业获取市场优势的关键是拥有本行业生产运营所需的核心专利,所以,技术创新成果——专利成为企业追逐的焦点,专利也是企业开拓国际市场的先锋。通过专利获取竞争优势的高新技术企业,一定拥有高质量的专利组合(Patent Portfolio)。优质的专利组合既可以保护企业自身的技术成果,也能够为其后续发展提供一定的空间,并防止他人侵权和对本企业形成的技术封锁,从而占领市场并获取超额利润(周寄中等,2009)。一个科学合理的专利组合可以有效阻止模仿者过早仿制该专利技术产品,起到专利壁垒的作用,同时还可以使本企业的技术得到延伸保护。高新技术企业专利组合的策略也会对其研发工作产生影响,要求企业进行持续深入的技术研发,从一个技术点挖掘出尽可能多的具有创新性的专利技术,拓宽专利组合的保护范围。所以,高新技术企业需要有目的、有针对性地进行专利布局。Chartove(2006)认为,企业组建有价值专利组合的步骤包括:确定技术关键点;将技术关键点作为构建专利说明书的骨架;定义技术关键点;专利权利要求的数量最大化;使专利间的交互联系最大化;站在技术的前沿。典型的专利组合是以一个或多个基础专利来形成核心技术,再申请数个针对核心技术加以改进的从属专利,形成专利保护网。

二、专利保护阶段二者的关联

专利是保护技术创新的制度设计，贯穿技术创新的全过程，并连接专利获取、专利商业化过程。专利保护已经成为企业进行创新保护与市场竞争的重要手段。专利保护分为两个层面：第一层面是企业所在国家或地域内的整体专利保护水平，由该国或该地域的经济发展水平决定，并由特定的组织机构颁布法律、规章制度对其管辖范围内的经济组织或个人专利活动进行约束的行为。第二层面是企业为了充分发挥其内部拥有的专利的经济价值，保障专利的法律价值，而进行的与专利保护相关的一系列活动的总称，包括专利申请、专利相关规章制度的制定、实施、缴纳专利维持年费等。第二层面的在总体规则上遵从第一层面专利保护的法律、法规，是第一层面专利保护在具体细节中的实施与落实，受第一层面法律、法规的保护、约束和监督。本书基于微观企业层面的研究，所以，对专利保护阶段专利管理与技术创新绩效关联的探讨是针对第二层面的。微观层面的专利保护是以企业作为主体，涵盖专利职能部门的设置、专利价值评估与风险预测、参与或制定专利标准等的保护行为。

专利在高新技术企业的重要性已经凸显，目前我国高新技术企业的专利保护主要是运用专利制度的防御功能，部分企业已初步形成了专利制度、管理组织、员工培训等规范化的管理机制（徐明华等，2009）。对于专利数量较多、专利活动频繁的高新技术企业而言，专利在其技术创新中的作用较大，企业应该考虑建立专门的知识产权部或专利部门，聘请专职专利管理人员实施企业专利保护。企业的专利部门在统一的专利规章制度下进行运作，可以最大限度地保护本企业的整体利益，使技术创新流程更加顺畅，为企业的持续创新提供组织保障。专利部门或专利工程师参与技术创新活动，包括专利信息收集、与研发部门人员沟通互动、专利布局、起草制定企业的专利保护规章制度、专利申请、日常维护工作、专利纠纷的处理等。要使专利部门或专利人员在技术创新中能够发挥积极作用，并通过合理的专利布局，提升企业专利功能，由防御转变为进攻，巩固高新技术企业的市场地位。同时，企业内部完善的专利保护制度还能够激励研发人员的创新积极性。

高新技术企业专利保护是对其拥有或使用的专利进行价值评估及专利风险预测，加强针对性管理，以更好地利用和发挥专利价值。周寄中等（2009）指出，企业需要评估其专利布局及价值能力，并进行专利盘点，掌握企业的专利水平及内涵，这样才能更好地进行专利的保护。通过专利价值评估，能够辨识企业的核心专利、关键专利和外围专利，明确专利在企业生产经营中的经济、战略地位。专利在企业的经济地位由其经济寿命和法律状态决定，经济寿命是指专利技术能够为企业带来市场价值和获利能力的时间，专利的经济寿命越长，对企业越重要。但专利的经济寿命通常受其法律状态的影响，发明专利的保护期为20年，如果专利处于有效的法律保护期内，则可以为高新技术企业带来独占利润。通常情况下，专利的经济寿命短于其法律有效期（万小丽、朱雪忠，2008），所以，高新技术企业的专利部门或专利职能人员通过专利价值的评估，可以决定哪些专利需要继续维持，哪些专利虽然在有效期内，但对本企业来讲已经没有经济价值，企业可以对这些专利实施转让、许可或放弃缴纳维持费，进而提高专利的利用率，降低专利维护成本。专利风险预测是与专利价值评估相伴而生的，对专利的价值评估离不开对其风险的预测。对专利风险的预测首先需要高新技术企业判断专利风险的来源，这有助于更好地识别专利风险。归纳起来，专利风险主要来自四个方面：专利权获得的不确定性；专利权有效性的不确定性；专利保护范围的不确定性；专利价值的不确定性。高新技术企业只有更好地识别风险来源，才能从源头上做到更好地规避专利风险，避免侵权诉讼，使专利发挥更大的经济价值。

在"技术专利化，专利标准化"的主流趋势下，专利权与标准的结合是社会科学技术、经济活动发展的必然结果，尤其在高新技术领域几乎是不可避免的。因此，高新技术企业的专利与标准结合是一种必然趋势（朱国华等，2009）。技术标准是专利运用的高级形式，具有事实上的强制性和约束力，即在某一领域内接受该标准的参与者都必须遵守标准的规定，按照标准的要求进行生产经营（赵启彬，2005）。刘劲松（2005）指出，技术标准是企业发展战略的重要组成部分，对企业的影响巨大，标准战略是否运用得当，往往能决定企业的生死存亡。技术标准的影响范围比专利更加广泛，一旦技术标准中引入某项专利技术，则所有使用该技术标准的企业都无法绕开该专利技术。由此，通过标准许可，专利权人能够获得更多的专利费，从而确定技术竞争优势（万志前，2011）。技术标准化条件下通常会形成专利联盟，专利联盟可以帮助技术创新者突破由于专利密集化产生的"专利灌丛"，降低研发成本，分散研发风险，降低交易成本，减少专利纠纷，提高企业的技术创新效率，进而提升技术创新绩效。有实力的高新技术企业还可以通过建立标准设置技术壁垒，阻止竞争对手的进入，保持自身的垄断地位。

三、专利商业化阶段二者的关联

高新技术企业的专利管理，一方面能够将专利技术进行商业化，保证创新收益，回收研发成本；另一方面可以通过专利研发信息、经验的积累，专利技术的对外许可、转让等增强企业的技术创新能力，提高企业的技术创新绩效。Cohen等（2000）认为，将创新成果申请专利，并不必然意味着该创新能够产业化并获取收益。因此，专利技术的商业化是技术创新活动的一个关键环节，也是技术创新的根本目的，它决定了企业能否回收高额的研发成本、能否通过该专利技术获得创新收益。高新技术企业需要根据自身实力来决定专利技术的商业化方式。通常，对于制造型的高新技术企业而言，其专利开发获取的目的一般是用于企业的产品生产或服务提供，此时，高质量的专利组合、互补性资源都是高新技术企业专利商业化的根本性保障。Cohen等（2000）指出，通过许可来获取许可费很少被纳入申请专利与否的考虑范围之内，但是，许可费在专利技术转让时却发挥了重要作用。如果企业自身缺少所拥有专利技术的互补性资源，就会考虑将该专利技术进行许可或转让；如果企业拥有该专利技术的互补性资源，通常倾向于自主转化，进行专利许可的意愿降低（Arora et al., 2006）。除了自主运营，运用专利授权许可费能赚取高额利润，已经成为专利先进国家与企业的一项重要战略性收入的来源。

专利技术在进入市场之前，甚至在申请专利之后，专利部门要积极参与策划专利技术产品的上市，以便使本企业的技术产品在获得专利授权后能迅速占领市场，形成先入优势。在专利商业化阶段，各部门的积极配合与协同运作十分重要（Ernst，2001）。R&D 部门仍需进行持续不断的创新，生产部门要对产品的产量与质量负责，营销部门则要提供全面的营销计划，专利部门提供法律保护，制度是专利商业化强有力的后盾。因此，商业化阶段是 R&D、生产、营销等各流程与专利管理关联的结果。商业化阶段的成功实现，是形成企业持续创新能力的动力，也是实现技术创新绩效的保证。

专利部门需要与市场营销部门积极沟通、配合，对市场进行监管，高新技术企业的营销人员要及时反馈竞争对手的侵权情况，以避免更大的市场损失。高新技术企业在解决侵权纠纷时，可以首选谈判方式，一来可以避免高额的诉讼费用，二来可以避免竞争对手的反诉，使自身专利权处于一种不确定的状态。而通过与侵权企业的谈判协商，利用现有专利达成交叉许可是一个较好的解决途径，否则很可能会出现赢了官司，输了市场的情况。武汉晶源环境工程有限公司在 2001 年作为专利权人和原告，起诉日本富士化水（FKK）和美资华阳公司侵犯其海水法火电脱硫技术专利，经过漫长的法院审理，2007 年北京市高院终审判决 FKK 败诉。虽然晶源公司一审胜诉，但企业已经丧失了大量的市场机会，面对国外垄断技术的强化，晶源的自主创新技术更难以占领市场。

在高新技术企业，专利诉讼已经是一种比较普遍的现象。专利诉讼活动不但是企业防守的措施，也可以作为企业进攻的手段（任声策，2007）。在某些情况下，高新技术企业采用专利诉讼策略并非要赢得诉讼的胜利，而是其拖延竞争对手的一种竞争性策略或迫使对方达成许可协议，缴纳许可费用。尤其是国外的大型跨国公司，凭借自身的技术实力和高超的专利运营手段，频频对我国高新技术企业提起专利侵权诉讼，对国内高新技术企业的研发和市场开拓造成了很大的影响，甚至使国内整个行业都陷入被动状态。因此，我国高新技术企业要提高专利运营水平，积极开发外围专利，获取互补性资源，加大谈判筹码，提高专利运营水平和自身的议价能力。面对专利诉讼，要积极寻求对策，选择适当的侵权抗辩事由，依法抗辩，维护自身合法权益，以保证高新技术企业的创新收益。

第二节 研究假设及理论模型

一、专利获取与持续创新能力

从资源观及开放式创新的视角看,企业对创新资源的获取能够增强企业的动态创新能力(Chesbrough, 2006; Yam et al., 2011)。企业在专利获取方面的资金投入、获取专利的重要性及对专利联盟的利用程度等,会对高新技术企业持续创新能力产生影响。技术创新的成功在很大程度上取决于企业对所获专利信息的学习能力(Yam et al., 2011)。在开放式创新环境下,企业有多种专利获取渠道,包括内部自主研发、外部许可、转让、购买及内外部联合研发、专利联盟等(Hufker and Alpert, 1994; Arora and Ceccagnoli, 2006; Cao and Zhao, 2011)。高新技术企业组建或加入专利联盟,表示企业在该行业领域中的地位较高,专利联盟在方便企业利用他人的技术、降低侵权风险的同时,还能够及时为企业提供技术信息。高新技术企业获取外部信息和资源的多少,与企业加入专利联盟的数量有较大关系。外部专利获取是企业技术创新的知识来源(Chesbrough, 2006),内外部的专利获取过程是企业内部及企业间知识流动、共享和积累的过程(Ang, 2010)。通过内外部的知识整合,专利获取会对企业的学习能力产生积极影响(Kogut and Zander, 1999)。

企业现有专利的状况和生产经营中所需专利的重要程度会影响企业在专利获取方面的资源配置,包括资金、人员、配套设备等。如不同的专利经营公司,会根据不同的专利组合需要组建专利研发团队(袁晓东、孟奇勋,2010)。外部专利及企业内部的专利组合数据库可以为企业提供潜在的可盈利的 R&D 领域或围绕核心专利开发外围专利(Arundel, 2001)。企业的专利获取是为了满足其生产经营的需要,尤其是对高新技术企业中的制造企业而言,其获取的专利应该能够满足或提升其制造能力。专利获取对企业的营销能力同样具有影响，包括制造型企业和专利经营公司，有利于企业对包含该项专利的产品或服务或技术进行"专利营销"（袁晓东、孟奇勋，2010；张业军，2010）。从经济学的角度看，制度的建立，是因为对其有需求（韦伯，1997）。企业获取专利后，需要从制度上规定专利的使用及运营，因此，专利获取会对企业的相关规章制度产生影响。高新技术企业拥有的发明专利越多，表明企业的技术密集程度越高，对技术创新的依赖程度越强，专利获取对其持续创新的影响也越大。高新技术企业自身是否拥有生产或提供主导产品或服务的主要专利，在很大程度上影响其专利获取的意愿。持续稳定增长的研发经费、集成运用研发资源、专利布局的前期策略选择等显示了企业在专利获取环节的能力或获取程度，它对企业持续创新能力中的各项能力均会产生不同程度的正向影响。

根据文献分析及高新技术企业的实地访谈，本书提出以下研究假设：

H1a：专利获取对企业的学习能力具有正向影响。

H1b：专利获取对企业的资源配置能力具有正向影响。

H1c：专利获取对企业的R&D能力具有正向影响。

H1d：专利获取对企业的制造能力具有正向影响。

H1e：专利获取对企业的营销能力具有正向影响。

H1f：专利获取对企业的制度能力具有正向影响。

二、专利保护与持续创新能力

周寄中等（2009）认为，专利权是国家赋予发明者或拥有者的合法垄断权利，能够有效地排除他人的竞争，因此，专利是目前保护知识资产的主要形式。企业层面的专利保护是在研发取得阶段性成果或最终成果后，为避免侵权或遭受损失，充分利用外部法律制度，并在企业内部建立完善相关规章制度和采取专利战略以保护研发成果的行为（曹勇、赵莉，2011）。Ang（2010）指出，知识产权保护程度的增加会提高知识集聚，专利保护程度的增加，同样有利于企业知识积累的提升。由此，专利保护为企业学习能力的提升提供了良好的知识基础。Arora 和 Ceccagnoli（2006）的研究指出，专利保护效率的提高会增加企业专利许可的意愿，但这种情况通常发生在企业缺乏互补性资源的时候。所以，专利保护对企业资源配置能力具有积极影响。相反，具有互补性资源的企业在专利保护效率提升时，会增加自身的 R&D 活动（Arora and Ceccagnoli, 2006），为企业 R&D 能力的提升提供制度保障。

专利保护贯穿专利管理的全过程，专利保护包括专利申请、专利布局等具体行动，专利职能部门或职能人员的业务之一是参与高新技术企业专利保护网的组建，确保本企业的产品设计能受到专利权的保护，专利没有瑕疵，评估分析本企业商品侵犯他人权利的可能性，并适时提出如何回避侵权以降低专利技术商品化后的知识产权风险，避免研发投资风险（周寄中等，2009）。由此，专利保护对企业的 R&D 能力、制造能力和营销能力均具有积极影响。有效的专利保护，需要企业加强相关规章制度的建立与完善，更离不开对制度的运用和执行能力，这样才能消除专利维护中的盲点，建立专利研发人员与其他部门的互动，以避免触碰"专利地雷"。专利保护是高新技术企业由制造导向转变为研发导向的保证，贯穿高新技术企业技术创新的全过程，因而影响到企业技术创新中的各项能力。

根据文献分析并结合高新技术企业的实地访谈，本书提出以下研究假设：

H2a：专利保护对企业的学习能力具有正向影响。

H2b：专利保护对企业的资源配置能力具有正向影响。

H2c：专利保护对企业的 R&D 能力具有正向影响。

H2d：专利保护对企业的制造能力具有正向影响。

H2e：专利保护对企业的营销能力具有正向影响。

H2f：专利保护对企业的制度能力具有正向影响。

三、专利商业化与持续创新能力

在开放式创新环境下，高新技术企业专利商业化的途径是多样的，包括自主转化、许可、销售、成立新公司、建立企业联盟等（Arora and Ceccagnoli, 2006; Retizig et al., 2007）。通常情况下，高新技术企业会根据自身的资源状况，综合决定专利商业化的形式（Arora et al., 2006）。专利商业化是企业实现专利技术价值、回收研发成本、占领市场、获取竞争优势的途径，能够确保企业竞争优势的最大化（Choksi，1999）。专利商业化的最主要作用是能够为企业持续创新能力的提升提供物质基础（Yam et al.，2011）。专利商业化对于技术密集型的高新技术企业而言更为重要，高新技术企业专利商业化的成功，会对企业的持续创新能力产生重要影响，为后续的研发提供资金和技术支持、从整体上提高企业的制造能力和营销能力，同时对高新技术企业的资源配置能力和制度能力提出了更高的要求。因此，专利商业化对企业的学习能力、资源配置能力、R&D能力、制造能力、营销能力和制度能力均具有正向影响。对于企业拥有的某些专利，由于专利布局的需要，企业并未对这些专利进行商业转化，而是作为外围专利保护企业生产或经营中涉及的核心专利而存在。虽然这些专利没有为企业带来看得见的收益，而且拥有该类专利的高新技术企业还需要支付不菲的专利维持费。但是这类专利，作为防御和阻止竞争对手的技术壁垒，能够保护企业的核心专利技术并提升企业在专利联盟或许可中的谈判地位（朱雪忠等，2007；詹映等，2009），其发挥的战略作用是不容忽视的，仍然会对企业持续创新能力产生积极影响。

根据上述文献分析及高新技术企业的现实情况，本书提出以下研究假设：

H3a：专利商业化对企业的学习能力具有正向影响。

H3b：专利商业化对企业的资源配置能力具有正向影响。

H3c：专利商业化对企业的R&D能力具有正向影响。

H3d：专利商业化对企业的制造能力具有正向影响。

H3e：专利商业化对企业的营销能力具有正向影响。

H3f：专利商业化对企业的制度能力具有正向影响。

四、专利管理与技术创新绩效

根据前文对专利管理与技术创新绩效关联机理的分析，可以了解高新技术企业的专利获取、专利保护、专利商业化会对其技术创新绩效产生直接影响。专利获取作为产品生产、服务提供及下一轮技术研发的资源投入，是专利商业化的前提条件，是获取技术创新绩效的前提；专利是保护技术创新的制度设计，贯穿技术创新的全过程；专利的商业化是企业回收研发成本和赚取利润的主要途径，能够提高企业的经济效益和社会效益。

在企业技术创新绩效研究中，日益关注知识产权的作用，专利也因此变得更为重要（Hufker and Alpert, 1994；Pisano, 2006；Lichtenthaler, 2009；安春明, 2009；赵志耘等, 2010）。Ernst（2001）指出，技术创新成功的标志之一是专利申请，企业对其生产经营中使用的关键技术获得并维持专利能够为其带来竞争优势（Choksi, 1999）。在开放式创新环境下，专利的获取渠道是多样的，包括内部研发、许可、外包、战略联盟等（Hufker and Alpert, 1994；Arora and Ceccagnoli, 2006；Cao and Zhao, 2011）。尽管有研究证实授权专利对企业利润率没有影响，尤其是没有规划的专利申请不会提升企业的市场价值。但是越来越多的关于专利与企业技术创新绩效的实证研究证实了专利获取与经济效益的相关关系：核心专利与企业销售增长和市场价值之间具有正相关关系（Austin, 1993），专利申请和授权专利与销售额具有正相关关系（Comanor and Scherer, 1969），不同质量的专利对企业财务绩效具有不同的影响（Ernst, 1995），高质量专利与企业财务绩效具有正相关关系（Ernst, 2001）。

WIPO 中小型企业司顾问 Christopher Kalanje 认为，专利获取是一种投资决定，企业所做的就是采取最优方案提高投资回报。专利是国家依法在一定时期内授予发明创造者或其权利继受者独占使用其发明创造的权利，目的是为了激励创新，促进企业技术发挥更多的社会效益（Allred and Park, 2007）。专利申请尤其是第三方专利申请是企业技术进步对社会的贡献，也是企业创新活力的表现（Baudry and Dumont, 2006），专利申请资料被企业所在技术或知识领域的其他企业广泛用于相近技术的研发（Benner and Waldfogel, 2008）。企业专利规模和专利组合已成为工业企业经济效益和社会效益的重要决定因素（Ernst, 2001；Lichtenthaler, 2007；Lin et al., 2006），研究者在这一观点上已基本达成共识。尤其在高新技术企业，专利获取是企业技术创新绩效的重要影响因素。

本书基于以上文献分析及实地访谈，特提出以下研究假设：

H4a：专利获取对企业的经济效益具有正向影响。

H4b：专利获取对企业的社会效益具有正向影响。

专利保护可以用来防止竞争对手复制或通过反向工程使用本企业的发明（Choksi, 1999; Allred and Park, 2007），这是专利产生及存在的初衷。有效的专利保护，可以使企业获取并维持竞争优势（Chesbrough, 2006; Arora et al., 2001）。关于专利保护存在不同的争议，Mansfield (1968) 指出，只有制药和化工行业才需要专利保护，Jaffe 和 Lerner (2004) 更是在其专著《创新及其不满：专利体系对创新与进步的危害及对策》中指出，专利保护已成为创新的阻碍，而非促进创新的润滑剂。以上所指的均为宏观层面的专利保护，然而，近年来专利在企业的地位与作用发生了较大变化。在企业高层管理者看来，专利的功能不仅仅是防御性手段，而是具有了更广泛的战略意义（Macdonald, 2004）。专利保护是企业纵向边界和技术市场中的关键因素（Arora and Ceccagnoli, 2006），有利于企业知识积累（Ang, 2010）。有效的专利保护能够增强企业的许可意愿，既增加了企业经济效益又促进了企业技术的社会扩散（Arora and Ceccagnoli, 2006）。与此同时，知识的高度编码化、保护时间和范围的扩展能够强化企业的专利保护（Arora and Ceccagnoli, 2006），专利保护可以降低公司对市场不确定性的敏感程度和价值实现的等待时间（Lichtenthaler, 2007），有益于企业技术创新（Allred, 2007）。因此，专利保护是企业确保发明价值最大化并顺利获取技术创新收益的保障。企业为了成功地从技术中获取经济效益和社会效益，需要进行充分的专利保护（Hufker and Alpert, 1994; Chesbrough, 2006; Lichtenthaler, 2007）。

根据以上文献分析及实地访谈，特提出以下研究假设：

H4c：专利保护对企业的经济效益具有正向影响。

H4d：专利保护对企业的社会效益具有正向影响。

Cohen 等（2000）认为，专利申请并不意味着收益的获取。专利的效用原则要求专利必须"为社会所用"，然而，对这一原则的判断主观性较强，通常是由市场来决定的（Teece, 1986）。Ramani 和 Looie（2002）指出，一项专利的经济价值取决于企业开发专利并从专利转让或许可中获得收入的能力。因此，授权专利的商业化是企业回收研发成本和赚取利润的主要途径，能够确保企业竞争优势的最大化（Choksi, 1999）。大规模的专利组合会对企业的技术创新绩效产生正向影响，尤其在动态的高技术竞争环境下，高质量的专利组合可以通过商业化获取收益（Chesbrough，2006；Lichtenthaler，2009；Cao and Zhao，2011；Reitzig，2007）。如果一家企业拥有互补性专利，同样会影响其专利商业化的方式及获得的利润（Ziedonis，2004）。高新技术企业是将具有市场前景并包含某方面技术优势的专利技术进行商业化，所以，专利技术的商业化，在某种程度上可以节约社会资源、满足市场需求。同时，专利技术的信息公开，可以促进该专利技术扩散，有利于技术的后续研究，提升整个社会的技术水平。因此，专利商业化既能提升经济效益又可以提升社会效益。此外，企业进行专利商业化的态度受多种因素影响，如市场环境、政府财政资助、生产能力等（Roger，2007）。在高技术环境下，新产品需要具有高度的新颖性，这使许可活动变得非常普遍。因此，专利商业化对技术创新绩效的正向影响尤其显著。

根据文献分析及高新技术企业实际状况，特提出以下研究假设：

H4e：专利商业化对企业的经济效益具有正向影响。

H4f：专利商业化对企业的社会效益具有正向影响。

五、持续创新能力与经济效益

企业竞争优势来源于新产品开发的效率和能力，而新产品的成功开发依赖于持续创新能力（Lawless and Fisher，1990；Guan，2002）。高新技术企业的持续创新能力是企业在相当长的时间内，持续不断地推出、实施新的创新项目（包括产品、工艺、原材料、市场、组织、制度和管理等方面的创新项目），并持续不断地实现经济效益的能力（向刚、汪应洛，2004）。Yam等（2011）指出，持续创新能力是对具有经济价值的创新成果的创造、扩散和运用的系统能力，包括学习能力、资源配置能力、R&D能力、制造能力、营销能力及制度能力等。通常情况下，具有良好经济效益的企业比效益平平的企业在各方面的能力要强（Yam et al.，2004）。关于学习能力与企业经济效益之间关系已得到广泛研究（Griliches，1999），组织学习理论认为企业的经济效益是其知识学习的结果（Henderson and Cockburn，1996）。企业学习能力

第五章　企业专利管理与技术创新绩效的关联概念模型

主要通过正式或非正式网络组织中的"干中学、用中学、共享中学"进行积累（Foray，2000），企业与外部创新源的互动可以为其提供学习过程中内部缺乏的资源（Romijin and Albaladejo，2002），进而提升企业经济效益（Cakigguriy et al.，2004）。Chiesa 等（1996）、Burgelman 等（2004）和 Yam 等（2011）的研究指出，资源配置能力对企业的创新绩效具有正向积极影响。对企业创新绩效的研究，通常会关注 R&D 能力因素（Yam et al.，2011），R&D 能力是企业持续创新能力的核心要素（Evangelista et al.，1997）。企业的 R&D 能力是其整合 R&D 战略、项目执行、项目管理和 R&D 支出的能力（Heshmati，2011；Yam et al.，2011）。Berchicci（2011）认为，近年来企业持续创新能力的提升也离不开 R&D 联盟，R&D 联盟会影响企业经济效益。Yam 等（2004）的实证研究证实，资源配置能力和 R&D 能力是企业经济效益的两项重要影响因素。制造能力是企业为满足市场需求，根据设计要求将 R&D 成果或外部获取的专利技术转化为市场需要的可批量生产的产品的能力，制造能力对企业的经济效益具有显著的正向影响（Yam et al.，2011）。营销能力是企业基于对消费者需求、竞争状况、成本和利润及创新接受程度的理解将企业生产的产品或服务推向市场的能力，营销能力对企业的经济效益具有显著的正向影响（Yam et al.，2004）。高科技产品更新换代的速度非常快，高新技术企业在完成技术创新并通过生产制造形成新产品后，应及时将新产品推向市场。企业要在快速变化的市场环境中对市场机会做出敏捷的反应就必须具有高水平的营销能力，营销能力是维持企业持续创新活力的源泉，能够将技术创新的成果迅速转化为企业的经济效益（朱斌等，2004）。企业制度能力是在制度形成、实施、完善等方面具有的能力及对制度系统内各子系统之间的协同力量，是企业实现经济绩效的保障（顾文涛等，2008）。彭建平等（2010）认为，企业间的差异在某种程度上讲就是制度构建能力的差异。因此，制度能力对企业的经济效益具有正向影响。

根据上述文献分析并结合高新技术企业的实地访谈，本书提出以下研究假设：

H5a：学习能力对企业的经济效益具有正向影响。

H5b：资源配置能力对企业的经济效益具有正向影响。

H5c：R&D 能力对企业的经济效益具有正向影响。
H5d：制造能力对企业的经济效益具有正向影响。
H5e：营销能力对企业的经济效益具有正向影响。
H5f：制度能力对企业的经济效益具有正向影响。

六、持续创新能力与社会效益

企业社会效益是在企业社会责任概念的基础上发展起来的（贺远琼等，2009），是企业行为的社会结果（Scott，1992）。企业在创造利润，对股东利益负责的同时，还要承担对社会和环境的社会责任。所以，企业技术创新绩效中的社会效益强调企业不是以利润来衡量其行为的可行性和有效性，而是需要考虑社会福利以及该行为对利益相关者的影响（贺远琼等，2009）。陈熙江（2010）指出，企业不应再按传统模式在法律与制度的框架内追求利润最大化，而应积极地、适时地将资源投入到促进社会福利的活动中，以促进企业的社会效益。持续创新能力表现在企业的持续创新产出能比竞争对手创造更多的财富、占有更高的国际市场份额及对本地经济发展的贡献度（朱斌等，2004）。高新技术企业在关注技术创新带来持续创新能力的同时，还应该关注技术创新的社会效益，对社会技术进步、人们生产生活条件和环境条件产生的有益影响和有利效果（尹建海、杨建华，2008）。

学习能力与企业绩效的关系是很多研究者关心的问题，这一问题的理论研究可以追溯到亚当·斯密（1776）的分工理论。亚当·斯密在研究中指出，企业内部分工使得员工在某一专门领域的经验和知识迅速积累，提高了劳动生产率，进而带动整个行业的发展。近年来，学习能力与企业绩效的研究得到了长足发展。研究结论认为，企业学习能力在提升经济效益的同时，也在一定程度上带动了企业社会效益的发展（Bontis et al.，2002；Calantone et al.，2010；谢洪明，2006）。企业的资源配置能力会影响其社会效益，良好的资源配置能力有利于企业将资源投入社会效益领域（贺远琼等，2007）。开放式创新环境下的企业 R&D，不论是自主研发还是研发联盟都会带来企业研发成果或研发信息的扩散，从而具有明显的社会效益（Chesbrough，2006）。制造能力是企业为满足市场需求将 R&D 成果转化为产品的过程（Yam et al.，2011）。R&D 成果作为一种新方法的应用和推广必定在效率提高或成本节约方面具有优势，制造能力体现了企业对社会资源的充分利用。Boyd（2000）认为，营销能力是提高企业社会效益的途径之一，因此，营销能力对企业的社会效益具有正向影响。企业社会效益是以企业社会责任为基础发展起来的（贺远琼等，2009），企业社会责任制度化是其履行社会责任常规化的保证，有利于企业社会效益的实现。本书对社会效益的衡量主要体现在高新技术企业的创新技术或产品对社会相关技术或产品的带动作用、企业提供或生产的技术或产品对环境的改善作用及企业生产过程的环保程度等方面。

根据上述文献分析，并结合高新技术企业实地访谈信息，本书提出以下研究假设：

H6a：学习能力对企业的社会效益具有正向影响。

H6b：资源配置能力对企业的社会效益具有正向影响。

H6c：R&D 能力对企业的社会效益具有正向影响。

H6d：制造能力对企业的社会效益具有正向影响。

H6e：营销能力对企业的社会效益具有正向影响。

H6f：制度能力对企业的社会效益具有正向影响。

七、技术锁定对专利管理与技术创新绩效关系的调节效应

Arthur（1989）认为，技术锁定现象是经济系统中的一种特定均衡，要打破这种均衡需要耗费相当的成本，若行为主体不能够承受这个成本，就只能继续以前的决策，于是，经济系统就被锁定在当前的均衡状态中。这种均衡状态体现在企业的技术创新中，是由企业的路径依赖形成的技术锁定现象。路径依赖的重要发现是其"由历史事件决定的锁定"（Liebowitz and Margolis，1995），技术锁定表现为企业技术发展的历史因素在未来的技术变迁中起决定作用（Redding，2002）。因此，路径依赖直接影响企业的技术锁定，它符合本书对技术锁定概念的界定，即技术锁定是企业对其主导产品或服务所采用技术的投资及依赖程度或市场占有程度，使得企业不愿或不能更快地采用

其他新技术。

Kingston（2001）认为，在复杂技术经济效益日益增长的情况下，专利通常被用作议价工具以避免企业被竞争对手排除（Lock - out）在目前开发使用的技术之外。Yanhona 和 Shou（2007）则指出，技术锁定是在企业内部及行业出现主导设计，该主导设计通常表现为专利。Krysiak（2011）以技术密集型行业作为典型案例，研究发现只有当前的低成本技术被应用和开发，所以，在税收及标准的影响下，专利保护极有可能导致技术锁定在"次优"技术上。企业的技术锁定受企业地位、市场选择等因素的影响，但现有宏观层面和中观层面的研究认为，技术锁定会造成技术创新的低效率，一旦锁定某项技术，转向其他技术的障碍较大（姜劲等，2006；Castellucci and Zheng，2010）。

对于微观层面的企业来说，在开放式创新环境下，技术的内部锁定会使企业逐渐与外部隔离，难以运用外部最新的信息及技术，从而会影响专利获取、专利保护和专利商业化与经济效益之间的关系。同时，技术的外部锁定是由路径依赖导致的，企业技术的路径依赖会逐步淘汰竞争对手的其他技术，形成技术依赖，不利于替代性技术的出现。因此，技术创新过程中产生的技术锁定不仅会影响专利管理与经济效益之间的关系，而且会影响专利管理与社会效益之间的关系。所以，本书认为技术锁定会影响高新技术企业专利管理与技术创新绩效之间的关系（见图 5 - 2），即技术锁定在专利获取、专利保护、专利商业化和技术创新绩效之间具有调节作用。关于技术锁定在专利管理与技术创新绩效之间的调节效应，尚未出现相关的理论探讨及实证研究。鉴于此，本书探索性地提出以下研究假设：

H7a：技术锁定对专利获取与经济效益之间的关系具有调节作用。

H7b：技术锁定对专利保护与经济效益之间的关系具有调节作用。

H7c：技术锁定对专利商业化与经济效益之间的关系具有调节作用。

H7d：技术锁定对专利获取与社会效益之间的关系具有调节作用。

H7e：技术锁定对专利保护与社会效益之间的关系具有调节作用。

H7f：技术锁定对专利商业化与社会效益之间的关系具有调节作用。

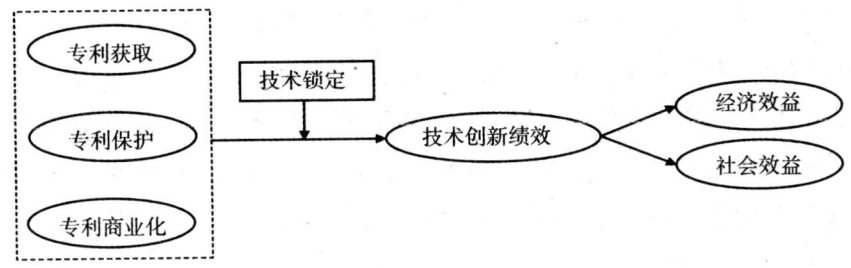

图 5-2 技术锁定的调节效应

八、理论模型

在前述理论研究及研究假设的基础上,本书构建了高新技术企业专利管理与技术创新绩效的关联理论模型(见图 5-3)。高新技术企业的专利管理水平越高,越有利于提高企业的持续创新能力,从而能够获得更高的技术创新绩效。同时,高新技术企业的专利管理对其技术创新绩效具有直接影响。技术锁定则在高新技术企业的专利管理与技术创新绩效之间起调节效应。

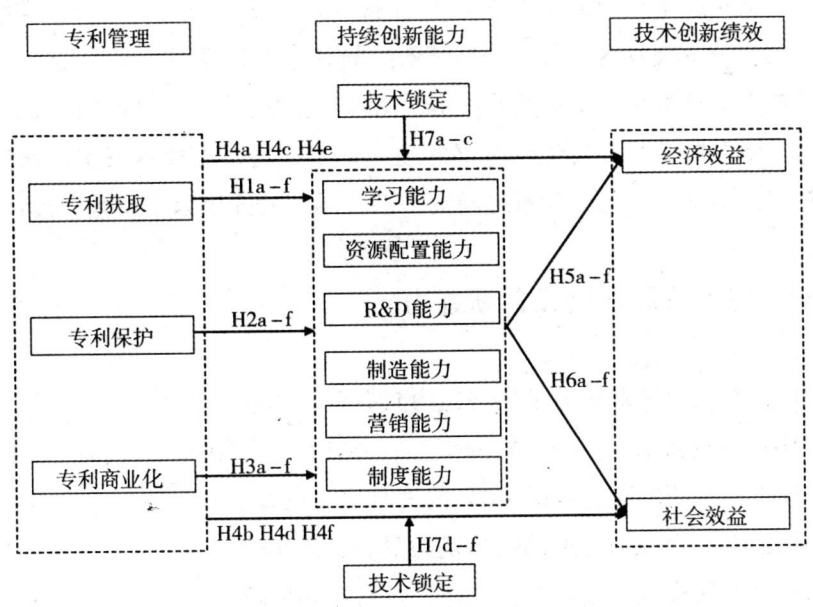

图 5-3 本书的理论模型

在理论模型构建的基础上，通过文献分析、实地访谈及预试等方法选取各因素的测度指标，本书拟对理论模型进行实证分析。首先采用SPSS17.0对样本进行信度及探索性因子分析，然后再使用AMOS 7.0对结构方程模型的测量模型进行验证性因子分析（CFA），之后再对结构方程模型进行路径分析，最后利用层级回归分析检验技术锁定的调节效应，从而检验本书提出的研究假设。

本章小结

本章在前面理论及影响因素分析的基础上，首先深入剖析了高新技术企业专利管理与技术创新绩效的关联机理。然后从动态流程发展的视角，提出专利管理与技术创新绩效的关联是基于内外部环境的变化，通过专利管理的三个环节（专利获取、专利保护、专利商业化）综合高新技术企业的持续创新能力，贯穿技术创新的全过程。本书根据专利发展的三个环节，详细探讨了在不同环节专利管理与技术创新绩效间的具体关联机理。

通过高新技术企业专利管理与技术创新绩效的关联机理剖析，提出了二者关联的研究假设，并构建了本书的理论框架，这是支撑本书实证研究的理论铺垫和框架基础。基于变量之间的关系，本书共提出以下研究假设：

一、专利获取与持续创新能力

H1a：专利获取对企业的学习能力具有正向影响。
H1b：专利获取对企业的资源配置能力具有正向影响。
H1c：专利获取对企业的R&D能力具有正向影响。
H1d：专利获取对企业的制造能力具有正向影响。
H1e：专利获取对企业的营销能力具有正向影响。
H1f：专利获取对企业的制度能力具有正向影响。

二、专利保护与持续创新能力

H2a：专利保护对企业的学习能力具有正向影响。
H2b：专利保护对企业的资源配置能力具有正向影响。
H2c：专利保护对企业的 R&D 能力具有正向影响。
H2d：专利保护对企业的制造能力具有正向影响。
H2e：专利保护对企业的营销能力具有正向影响。
H2f：专利保护对企业的制度能力具有正向影响。

三、专利商业化与持续创新能力

H3a：专利商业化对企业的学习能力具有正向影响。
H3b：专利商业化对企业的资源配置能力具有正向影响。
H3c：专利商业化对企业的 R&D 能力具有正向影响。
H3d：专利商业化对企业的制造能力具有正向影响。
H3e：专利商业化对企业的营销能力具有正向影响。
H3f：专利商业化对企业的制度能力具有正向影响。

四、专利管理与技术创新绩效

H4a：专利获取对企业的经济效益具有正向影响。
H4b：专利获取对企业的社会效益具有正向影响。
H4c：专利保护对企业的经济效益具有正向影响。
H4d：专利保护对企业的社会效益具有正向影响。
H4e：专利商业化对企业的经济效益具有正向影响。
H4f：专利商业化对企业的社会效益具有正向影响。

五、持续创新能力与经济效益

H5a：学习能力对企业的经济效益具有正向影响。
H5b：资源配置能力对企业的经济效益具有正向影响。
H5c：R&D 能力对企业的经济效益具有正向影响。
H5d：制造能力对企业的经济效益具有正向影响。
H5e：营销能力对企业的经济效益具有正向影响。
H5f：制度能力对企业的经济效益具有正向影响。

六、持续创新能力与社会效益

H6a：学习能力对企业的社会效益具有正向影响。
H6b：资源配置能力对企业的社会效益具有正向影响。
H6c：R&D 能力对企业的社会效益具有正向影响。
H6d：制造能力对企业的社会效益具有正向影响。
H6e：营销能力对企业的社会效益具有正向影响。
H6f：制度能力对企业的社会效益具有正向影响。

七、技术锁定在专利管理与技术创新绩效之间的调节效应

H7a：技术锁定对专利获取与经济效益之间的关系具有调节作用。
H7b：技术锁定对专利保护与经济效益之间的关系具有调节作用。
H7c：技术锁定对专利商业化与经济效益之间的关系具有调节作用。
H7d：技术锁定对专利获取与社会效益之间的关系具有调节作用。
H7e：技术锁定对专利保护与社会效益之间的关系具有调节作用。
H7f：技术锁定对专利商业化与社会效益之间的关系具有调节作用。

第六章　企业专利管理与技术创新绩效关联的实证研究

本书变量间关系假设的提出及理论模型的构建，都是基于现有研究文献和经验理论的推导，这是研究的第一步，即概念化的过程。这些假设关系是否正确或变量间究竟存在怎样的关系，以及理论模型的正确性、适用性都需要通过实证研究进行检验。这是从概念化转到操作化的研究过程，用现实世界中的可观测变量测度研究中的各种因素（李怀祖，2004）。本章通过大样本问卷调查收集的数据，采用 SPSS 和 AMOS 统计分析软件进行实证研究，验证前一章提出的研究假设与理论模型。同时，在文献研究、实地访谈和预试的基础上，开发了各变量的测度量表，最后对定量研究结果做深入的探讨分析。

第一节　研究对象的确定

由于不同类型的企业在专利管理与技术创新方面的差异较大，本书难以做到将所有类型的企业作为研究对象。专利与技术创新对知识、技术的积累与运用的要求较高，因此，本书选取知识密集、技术密集的高新技术企业作为研究对象。目前，我国高新技术企业采取的是认定方式，自 2008 年以来，我国对高新技术企业的定义与认定条件产生了新的变化：认为高新技术企业是在《国家重点支持的高新技术领域》内，持续进行研究开发与技术成果转化，形成企业核心自主知识产权，并以此为基础开展经营活动，在中国境内注册1年以上的企业。所以，本书选取高新技术企业作为研究对象主要基于以下原因：①高新技术企业能够持续地进行研究开发与技术成果转化，这是高新技术企业不断提高持续创新能力的途径，也是高新技术企业通过专利管理以实现永续经营目标的必要条件；②高新技术企业拥有自主知识产权，知识产权尤其是专利在高新技术企业内的重要性已逐步显现，现阶段，我国的高新技术企业大多处在制造业领域，企业如果能够被认定为高新技术企业，必定拥有与其主营业务相关的专利，这是本书能够进行的前提条件；③现有文献研究认为，探讨企业技术创新绩效的主要研究对象多数是基于高新技术企业进行的（OECD，1997；Lichtenthaler，2009）。因此，将高新技术企业作为研究对象，不仅能较为容易地获得与本书研究相关的调研数据，而且也更具理论和现实意义。

本书的样本企业主要在我国高新技术企业认定管理工作网上选取，在该网站的公示专区内，有全国36个省、自治区和直辖市的2008年至今认定的高新技术企业名单。我们从具有知名高新技术园区的省市随机选取部分高新技术企业作为调研对象，如广东省、北京市、上海市和武汉市。

第二节 研究方法论

本书是基于微观企业层面的研究，专利通常涉及企业战略的机密性问题，有些数据无法从公开渠道获得。所以，在研究中需要设计主观性问题，采用问卷调查的方式收集数据。本书的调查问卷是结合已有经典文献中的量表、高新技术企业的实地访谈、知识产权和技术创新领域的专家及研究团队的意见设计而成的。通过向高新技术企业知识产权管理人员、中高层管理人员、技术研发人员等发放问卷，经由数据收集、数据录入和数据分析等实证研究步骤，反映高新技术企业的专利管理与技术创新绩效的实际情况。

一、问卷设计

本书采用大样本问卷调查收集数据，为确保问卷的内容效度，在借鉴前期文献并结合本书特点的基础上，严格按照问卷设计中的程序与方法进行。问卷设计的合理性、科学性是数据信度与效度的保证，Churchill（1979）认为，多个题项的设计比单个题项的设计更能够提高信度。侯杰泰等（2004）认为，每个因子用三个题项来表征其结构方程最为稳定，Yam（2009）也指出，每个变量的测度题项至少要大于两个。因此，在本书的问卷设计中，对变量也采用多题项的方式进行测度。根据研究者的研究建议（Churchill，1979；Gerbing and Anderson，1988；Dunn et al.，1994），本书在问卷设计中采用了以下方法流程：

（1）文献回顾。在大量阅读并分析企业专利获取、专利保护、专利转化、持续创新能力、技术创新绩效、技术锁定等研究文献的基础上，借鉴其中的研究构思及权威量表，根据本书的需要对测度题项进行构思设计。

（2）实地访谈。从拟调研的对象中选取5家高新技术企业进行实地访谈。访谈内容紧密结合问卷测度题项的构思，受访人员主要是企业知识产权管理人员、知识产权工程师、技术管理人员、一线技术研发人员。以期通过实地访谈初步验证构思的正确性，并根据访谈结果对构思及题项的设计进行修改与完善。

（3）专家讨论。在笔者所在研究团队的学术研讨会上，就研究变量之间的逻辑关系及测度题项的设计进行了多次交流。另外，请教了本书领域的一位教授、两位副教授和一位讲师，他们对问卷的构思与设计提出了非常宝贵的意见。

（4）问卷预试。初始问卷设计好后，在我校MBA学员中选择25位研发经理进行预试，请他们认真填写每个题项，并评价每一题项的描述及适宜性。笔者根据他们的反馈结果，对题项的措辞表述进行了修改与完善，并根据初步的检验分析，对题项的归类做了调整。经过几轮修改和完善后，确定最终调查问卷（见附录一）。

本调查问卷由两部分组成：第一部分是关于高新技术企业的基本信息，由被试者根据企业情况据实填写；第二部分是关于专利管理与技术创新绩效的主观性测度题项，采用李克特7级量表打分，"1"表示"非常不同意"，"7"表示"非常同意"，请被试者根据他们在企业感受到的真实情况打分。

二、问卷发放与数据收集

数据的真实有效是进行统计分析的前提与基础，本书从调研对象的选取、问卷的发放、发放的区域、渠道、形式等方面来确保数据的有效性。调研对象的选择在本章第一节中已经提及，都是我国高新技术企业认定管理工作网上的2008年以后重新认定的高新技术企业。

（一）问卷的发放

根据实地访谈及问卷预试的情况来看，并非企业的所有人员对专利都有比较清晰的认识。由于本书的特殊性，同时为了减少因被试者不了解题项内容或答案的相关信息而难以做答或随便作答情况的出现，并保证调查数据的真实有效性，调查问卷的发放对象主要针对企业研发创新与知识产权比较熟悉的中高层管理者。每个调研企业的被试者为总经理、知识产权工程师、CTO、R&D经理或市场经理。本调研问卷的发放方式，包括现场发放、邮寄和电子邮件三种方式。问卷的现场发放人员为笔者所在研究团队的硕士生、博士生，他们都系统学习过相关领域的知识，在前期的研讨中也对本问卷的内容有较好的理解，能够在问卷的现场发放中为被试者提供很好的咨询指导建议。对于电子邮件或邮寄的发放方式，首先通过电话或电子邮件征得该企业某位被试者的同意，并将其指定为本调研在该企业的联络人。再将调查问卷发出，这种方法能在一定程度上提高了问卷回收率和回收质量。问卷的发放区域主要集中在广东、北京、上海、武汉等具有知名高新区的省市，降低了不同经济发展区域对统计分析结果的影响。

(二) 数据收集

本书总共联系了 300 家高新技术企业,其中 118 家企业同意参与该项研究。我们给每家企业发放 5~10 份不等的调查问卷,共发放 560 份,回收问卷 452 份。去除填答内容严重缺失和明显互相矛盾的问卷,共获得有效问卷 423 份,有效问卷回收率为 75.5%。样本特征及其描述性统计见表 6-1。本书采用员工人数表示企业规模,按照统计上的大、中、小型企业划分标准,结合调研企业所在的行业领域,由表 6-1 可知,近 70% 的样本企业为设立不到 10 年的成长型中小高新技术企业。约 1/2 的调研企业为国有企业,问卷调查主要以电子与通信技术、生物医药和节能环保等"国家重点支持的高技术领域"为主,具有一定的代表性和典型性,Kramer et al. (2011) 认为这些行业均为高度创新部门。其中,89.1% 的企业 R&D 人员占员工总数的比例超过 10%,其中近 1/6 的企业超过 20%;半数以上企业 R&D 投入占销售收入的比例超过 5%,而且调研企业的行业地位较高,60.5% 的企业在国内处在行业领先或跟随的位置。因此,这些特征符合本书对样本的要求。

表 6-1 样本基本特征的描述性统计 (N=423)

变量	分类	样本数(家)	百分比(%)	变量	分类	样本数(家)	百分比(%)
企业性质	国有企业	207	48.9	行业领域	电子通信	214	50.6
	民营企业	128	30.3		生物医药	85	20.1
	外(合)资企业	77	18.2		节能环保	56	13.2
	其他	11	2.6		其他领域	68	16.1
企业年龄	3 年以内	59	13.9	R&D 人员占企业总员工数的比例(%)	10 以下	46	10.9
	3~5 年	92	21.8		10~15	196	46.3
	5~10 年	142	33.6		15~20	107	25.3
	10 年以上	130	30.7		20 以上	74	17.5

续表

变量	分类	样本数（家）	百分比（%）	变量	分类	样本数（家）	百分比（%）
企业规模	100人以下	50	11.8	行业地位	行业领先（前3）	53	12.5
	100~1000	182	43.0		行业跟随（前4~10）	203	48.0
	1001~5000	108	25.5		高出平均水平	132	31.2
	5001~10000	60	14.2		行业平均水平	29	6.9
	10000以上	23	5.5		相对落后	6	1.4
R&D投入占销售收入比例	3%~5%	203	48.0	被试者职位	总经理	83	19.6
	5%~8%	167	39.5		营销经理	91	21.5
	8%以上	53	12.5		R&D经理	159	37.6
专利主要转化方式	自主转化	254	60.0		IP工程师	90	21.3
	转让	14	3.3	专利主要来源	内部研发	188	44.4
	许可	57	13.5		转让	14	3.3
	成立新公司	22	5.3		许可	65	15.4
	联合其他单位共同转化	72	17.0		合作研发	149	35.2
	其他	4	0.9		其他	7	1.7

高新技术企业专利的主要来源是内部研发（占44.4%），其次是与外部进行合作研发（占35.2%）。企业采用的专利转化方式包括自主转化、转让、许可与成立新公司等，其中自主转化是主要的转化方式，占比60%，可见高新技术企业的研发或专利获取主要是用于自身的生产经营。在企业不具备生产转化条件时，通常会寻求有条件的企业共同转化（17.0%），而对外转让、成立新公司等的转化方式所占比例较低。

三、变量指标的选择与测量

Hinkin（1995）认为，量表的开发包括题项（Item）产生、专家确认及预试（Pilot test）三个阶段。为了确保测度量表的信度和效度，本书调查问卷尽量采用国内外现有文献中已获公认的成熟量表，再根据本书特点、结合我国高新技术企业的实际情况加以修改作为搜集实证资料的工具。本书包括专利管理、持续创新能力、技术创新绩效和技术锁定量表的分析与设计。技术锁定量表主要参考 Rosenberg（1982）、Arthur（1994）等的研究成果，同时结合高新技术企业的特点，开发了技术锁定的三个测度指标。如衡量技术的差异，在本量表中表述为：贵公司新技术与原有技术存在较大差别。关于技术创新绩效中的经济效益和社会效益，国内外的研究已经比较成熟，主要参考 Guan 等（2009）、单红梅（2002）等关于技术创新绩效的研究成果，同时结合本书特点基于资源基础观的视角开发了经济效益和社会效益的量表。经济效益量表包括四个测度指标，社会效益量表包括三个测度指标，这些量表都充分考虑了专利作为高新技术企业技术创新的资源投入特性。如高新技术企业利润方面的测量，在本量表中表述为：贵公司的专利产品对利润增长有主要贡献；将专利作为资源投入测量其对企业利润的作用。本书中其他量表的设计也体现了资源基础观研究视角的特征。持续创新能力的量表主要参考了 Yam 等（2011）、Dunning 和 Lundan（2010）等的研究成果，对持续创新能力6个维度共开发了20个测度指标。而关于专利管理过程中专利获取、专利保护和专利商业化的测度，目前国内外的文献尚未系统地从管理学视角进行研究，只是比较零散地出现在相关文献中。本书在已有文献和相关理论的基础上，主要借鉴了 Ziedonis（2004）、Artz 等（2010）、Lichtenthaler（2010）等的研究成果，并结合本书特点、专利管理各环节的地位及作用，开发了专利获取、专利保护和专利商业化的测量指标，如对企业专利获取方式方面的测量，表述为：贵公司组建或加入了相关专利联盟组织。其中，专利获取、专利商业化量表各包括三个测度指标，专利保护量表包括四个测度指标。这些测度指标主要考察高新技术企业在专利管理方面进行的相关活动。

根据前面章节对专利管理、持续创新能力、技术创新绩效、技术锁定的详细讨论，在上述设计方法和研究思想的指导下，设计了本书的测度量表（见表6-2）。由于题项的主观程度比较高，本测度量表采用7级李克特量表（Likert-Scale），要求被试者根据所在高新技术企业的真实情况，结合自身的主观判断进行相对客观的打分。

表6-2 变量的测量

编号	题项	来源或依据
专利获取		
1	贵公司在研发和专利引进方面有大量的资金投入	Artz et al., 2001; Ziedonis, 2004; Lichtenthaler, 2010
2	贵公司自身拥有生产或提供主导产品或服务的大部分专利	
3	贵公司组建或加入了相关专利联盟组织	
专利保护		
4	贵公司通常将技术创新成果积极申请专利	Czarnitzki and Toole, 2008; Arora et al., 2006; Lin et al., 2010
5	贵公司专利部门或专利职能人员能发挥积极作用	
6	贵公司积极主持或参与国际、国内行业标准的制定	
7	贵公司经常组织人员对相关专利进行风险评估及预测	
专利商业化		
8	贵公司拥有高质量的专利组合	Lichtenthaler, 2010; Ziedonis, 2004; Arora et al., 2006; Cao and Zhao, 2011
9	贵公司拥有生产或提供主导产品或服务的互补性资源	
10	贵公司有选择地将专利技术进行许可、转让	
学习能力		
11	贵公司鼓励员工发现技术创新中的机会	Ahuja et al., 2001; Guan et al., 2006; Yam et al., 2011
12	贵公司在技术创新中经常使用专利数据库收集相关信息	
13	贵公司会组织员工进行专利知识的内训或外训	
14	贵公司能够紧密跟随本行业领域的新技术知识	
资源配置能力		
15	贵公司具备良好的人力资源规划	Burgelman et al., 2004; Guan et al., 2006; Yam et al., 2011
16	贵公司每个职能部门的关键人才经常参与到创新过程中	
17	贵公司在技术创新中能较多地利用外部创新源（如客户、供应商、科研院所、竞争对手等）	
R&D 能力		
18	贵公司技术研发部门与其他职能部门能进行有效的沟通交流	Yam et al., 2011
19	贵公司具备将技术从研究转变到产品开发的高效机制	
20	贵公司在技术创新过程中会吸收市场和客户反馈信息	

续表

编号	题 项	来源或依据
	制造能力	
21	贵公司生产部门能够顺利地将研发成果转化为可批量生产的产品	Yam et al., 2011
22	贵公司能够有效地采用先进的制造方法	
23	贵公司具备熟练的生产工人	
	营销能力	
24	贵公司与主流客户的关系紧密	Ernst, 2001; Yam et al., 2011
25	贵公司对不同的细分市场有较好的理解	
26	贵公司拥有善于积极开拓市场的销售人员	
27	贵公司能为其专利产品提供优质的售后服务	
	制度能力	
28	贵公司具备完善的规章制度	Seo and Creed, 2002; Dunning and Lundan, 2010; 彭建平等, 2010
29	贵公司的制度得到大部分员工的认可	
30	贵公司能够根据内外部环境的变化对相关制度进行持续改善	
	经济效益	
31	贵公司常常在行业内领先推出新产品/服务	张方华, 2004; 方刚, 2008; Guan et al., 2009; 伍蓓等, 2009; 嵇登科, 2006
32	贵公司的专利产品对利润增长有主要贡献	
33	与同行相比, 贵公司产品创新的成功率更高	
34	与同行相比, 贵公司拥有更多的专利	
	社会效益	
35	贵公司的创新技术或产品能够带动社会相关技术或产品的发展	单红梅, 2002; 方刚, 2008
36	贵公司提供或生产的技术或产品具有改善环境的作用	
37	与同行相比, 贵公司生产过程中的环保程度较高	
	技术锁定	
38	贵公司现有主导技术产品的收益是递增的	Arthur, 1994; Stack and Gartland, 2003; Vergne and Durand, 2010
39	贵公司能够轻易地从现有主导技术转向新技术产品生产	
40	贵公司新技术与原有技术存在较大差别	

本书的控制变量分别为企业规模（C1）、R&D 人员占企业总员工数的比

例（C2）、行业类型（C3）和 R&D 投入占销售收入的比例（C4）。Pivett 等（1987）和 Yam 等（2011）的研究认为，企业规模会影响其技术创新绩效。我们采用员工人数表示企业规模，其中，"1" 表示员工人数 " <100"，"2" 表示员工人数为 "100~1000"，"3" 表示员工人数为 "1001~5000"，"4" 表示员工人数为 "5001~10000"，"5" 表示员工人数 " >10000"；R&D 人员占企业总员工数的比例："1" 表示 "3%~5%"，"2" 表示 "5%~8%"，"3" 表示 " >8%"。Lee 和 Sukoco（2011）认为，行业类型影响产品创新绩效，并将行业类型作为控制变量。其中，"1" 表示 "电子及通信行业"，"2" 表示 "生物医药行业"，"3" 表示 "节能环保行业"，"4" 表示 "其他"；R&D 投入占销售收入的比例："1" 表示 " <10%"，"2" 表示 "10%~15%"，"3" 表示 "15%~20%"，"4" 表示 " >20%"。

四、分析方法

在收集样本数据的基础上，本书将逐步采用以下方法进行统计验证分析：运用软件 SPSS17.0 和 AMOS7.0 进行样本信度（Reliability）与效度（Validity）的检验、探索性因子分析（EFA）、验证性因子分析（CFA）及结构方程的建模验证。其中，SPSS17.0 统计分析软件用于描述性统计、变量信度分析和探索性因子分析，AMOS7.0 软件用于验证性因子分析和结构方程检验。

（一）信度与效度

在对样本数据进行分析之前，需要对样本数据的信度进行检验。信度是指测量的可信程度，即一致性程度。如相同的两个人在不同的时间，以相同的测量工具测量，或以复本测量，或在不同的情境下测量，所测结果的一致性程度即信度。若两次测量结果一致，表明测量结果具有稳定性、可靠性或可预测性。一致性越高，信度越高（易丹辉，2008）。以往研究中一般采用一致性系数（Cronbach's α 值）来表示样本的信度，当 α 值大于 0.7 时，认为可靠性较高（Kline, 1998；李怀祖，2004）。

效度是指测量工具能够正确测量出所要测量问题的程度，即测量的正确性，所收集的样本数据能够反映所要讨论的问题。通常，效度的衡量包括内容效度（Content Validity）和构造效度（Construct Validity）两方面。内容效度是指测量工具内容的适合性，本书中的测度量表都借鉴了国内外经典学术文献，并结合实地访谈与专家意见设计而成，具有较高的内容效度。构造效度是指测量工具的内容能够推论或衡量抽象概念的能力。通常用因子分析（Factor Analysis）来检验构造效度，可以很好地检验研究所涉及变量是否有一套正确的、可操作性的测度（吴明隆，2003）。本书采用验证性因子分析检验量表的效度，在验证性因子分析中，因子载荷需要大于 0.5（Fornell and Larcker，1981），因子载荷越大，表明变量的构造效度越高（方刚，2008）。

（二）探索性因子分析

因子分析的概念源于 20 世纪初 Karl Pearson 和 Charles Spearmen 等关于智力测验的统计分析。因子分析的基本思想是通过对变量的相关系数矩阵内部结构的研究，将众多的原有变量综合成少数几个综合指标（即因子）。因子分析的前提是以最少的信息丢失，有效地降低变量维数。

探索性因子分析能够将具有错综复杂关系的变量综合为少数几个核心因子，可用于寻找多元观测变量的本质结构。本书所涉及变量的测度量表都是基于现有文献研究中的量表并结合实地访谈进行改进而提出的。因此，为了进一步明确观测变量的内部结构，验证测度题项的合理性，首先需要对其进行探索性因子分析。在做因子分析的时候先确定各变量之间的相关关系，而根据 KMO 测度和 Bartlett 球体检验确定数据是否适合做因子分析。本书采用主成分分析（Principal Component Analysis，PCA）的因子提取方法和最大方差的旋转方法，分别对专利管理、持续创新能力和技术创新绩效进行探索性因子分析，按特征根大于 1 的方式提取因子。

（三）验证性因子分析

验证性因子分析是用来检验构建的特定结构能否产生预期的结果，即检验一个因子与相对应的测度项之间的关系是否符合研究者预设的理论关系。本书在探索性因子分析的基础上，将使用 AMOS7.0 软件对变量做进一步的验证性因子分析，得到各因子的标准化系数，标准化系数大于0.5，说明量表具有较好的效度。验证性因子分析比探索性因子分析需要更大的样本容量，它的优势在于其允许研究者明确描述一个理论模型中的细节。通过数据与测量模型的拟合分析，可检验各观测变量的因子结构与先前的构想是否相符。

进行验证性因子分析时要注意，模型要表现出良好的整体拟合优度：卡方与自由度的比值（χ^2/df）小于3，近似误差均方根（RMSEA）小于0.08，标准拟合指数（NFI）、拟合优度指数（GFI）、比较拟合指数（CFI）均大于0.9。

（四）结构方程模型分析方法

结构方程模型（Structural Equation Model，SEM）是一种综合运用多元回归分析、路径分析和验证性因子分析方法而形成的一种统计数据分析工具（李怀祖，2004）。结构方程模型是反映潜变量之间关系的因果模型以及反映指标与潜变量之间关系的因子模型的结合，因此，结构方程模型由测量方程和结构方程两部分组成。从本质上讲，结构方程模型是带有潜变量的一种验证性因子分析方法，模型需要根据已有的经验或理论设定。结构方程模型主要具有验证性功能，研究者通过统计分析对复杂的理论模型进行处理，并根据模型与数据关系的一致性程度，对构建的理论模型进行评价，据此判定假定的理论模型是否成立。

结构方程模型的优点：可同时处理多个因变量；容许自变量和因变量含测量误差；同时估计因子结构和因子关系；容许更大弹性的测量模型；估计整个模型的拟合程度（Bollen and Long，1993）。特别是与多元回归分析相比，SEM模型可以接受自变量之间存在相关关系，避免了在多元回归分析中难以处理的多重共线性问题。本书的专利管理与技术创新绩效作用机理理论模型中，专利管理、持续创新能力和技术创新绩效所包含的变量主观性强、难以直接测量、度量误差大、因果关系复杂、自变量可能存在相关关系等特点。因此，本书的研究问题特别适合采用结构方程模型进行分析。

结构方程的应用分为模型设定（Model Specification）、模型拟合（Model Fitting）、模型评价（Model Assessment）以及模型修正（Model Modification）

四个步骤（侯杰泰等，2004）。模型评价的核心是模型的拟合性，即研究者所提出的变量之间的关联模式是否与数据相拟合，以及拟合的程度，由此验证提出的理论研究模型。在进行模型拟合度评价后，可能发现假设的理论模型与收集数据的拟合有不符合的地方，需要对假设的理论模型进行修正。如果假设的理论模型偏离数据所揭示的情况，则需要根据数据所反映的情况对初始模型进行修正，并不断重复修正过程，直至得到一个与数据拟合较好，模型总体的实际意义、模型变量之间的实际意义和所得的参数都能得到合理解释的模型为止。

从现有研究文献看，有多种拟合指数可用于结构方程的模型评估。学者研究认为一个较好的指数应当具备与样本容量无关、惩罚复杂模型以及对误设模型敏感三个特征（侯杰泰等，2004；温忠麟等，2004）。要保证基于拟合效果良好的模型对理论假设进行验证，至少达到多于一个参数标准是必需的（Breckler，1990）。借鉴学者们的研究建议，本书将综合选用绝对拟合指数和相对拟合指数，以评价结构方程模型的拟合程度，选定用于评价模型拟合程度的几个主要指标如下：

（1）χ^2/df，调整卡方，即卡方（χ^2）对自由度（df）的比值，是一种基于拟合函数（Fit Function）的绝对拟合指数。一般认为，若 $2 < \chi^2/df < 5$，模型可以接受；若 $\chi^2/df < 2$，表示模型具有理想的拟合度（Carmines and Mclver，1981）。

（2）RMSEA，即近似误差均方根，受样本容量 N 的影响较小，对错误模型比较敏感，同时惩罚复杂模型，是一个比较理想的用于模型评价的绝对拟合指数。一般来讲，RMSEA < 0.05，表示模型与数据较好；RMSEA 介于 0.05~0.08，认为拟合不错，模型可以接受；RMSEA 介于 0.08~0.10，则认为拟合一般；若大于 0.10，则模型的拟合效果不能接受；如果低于 0.01，表示模型拟合非常好。

（3）NFI，即标准拟合指数，是相对拟合指数，可用于比较嵌套模型。通常，NFI > 0.90，表示模型可以接受；NFI 越接近于 1，表示模型拟合越好。

（4）GFI，即拟合优度指数，是绝对拟合指数。通常，GFI > 0.90，表示模型可以接受；GFI 越接近于 1，表示模型拟合越好。

(5) CFI,即比较拟合指数,是相对拟合指数。通常,CFI>0.90,表示模型可以接受;CFI 越接近于 1,表示模型拟合越好。

在以上模型拟合指数的指导下,通过检查变量间的路径系数来判断和分析变量间的关系,并检查与路径系数相对应的临界比(Critical Rate, C. R.)的数值,当路径的 C. R. 绝对值大于 1.96 的参考值时,说明该路径系数在 $P=0.05$ 的水平上具有统计显著性。

第三节 探索性因子分析

由于探索性因子分析与验证性因子分析需要不同的样本集,本书先用部分样本进行探索性因子分析,然后,再用剩余的样本对提取的因子做验证性因子分析。对于进行探索性因子分析所需的最低样本容量,学术界尚未达成一致意见。一般认为,样本量为变量数的 5~10 倍,或者样本量达到变量中题项数的 5~10 倍即可。由于本次因子分析中需要处理的最多变量数为 6,变量的最多题项数为 4,所以,60 份样本数据就能够满足分析需求。因此,本书从 423 份调查问卷中随机抽取了 60 份样本数据进行探索性因子分析。

因子分析的目的是从众多的原有变量中综合出少数具有代表性的因子,其前提条件是变量之间应具有较强的相关关系。如果原有变量间不存在较强的相关关系,那么就无法提取能够反映某些变量共同特性的公因子。因此,在进行因子分析时,需要考查变量间是否相关。研究中,通常采用 KMO 检验和 Bartlett 球体检验两种方法检验变量间的相关性。

KMO 值的判断的标准:在 0.9 以上,非常适合做因子分析;0.8~0.9 很适合;0.7~0.8 适合;0.6~0.7 不太适合;0.5~0.6 很勉强;如果在 0.5 以下,则不适合做因子分析(吴明隆,2003)。而且,当 KMO 值大于 0.7,各个变量的负荷量均大于 0.5 时,可以通过因子分析将不同变量合并为一个因子以进行后续分析(马庆国,2002)。Bartlett 球体检验的检验统计量根据相关系数矩阵的行列式计算得到,且近似服从卡方分布。如果该统计量的观测值比较大,且对应的概率 P 值小于给定的显著性水平 α,则应拒绝原假设,认为相关系数矩阵不太可能是单位阵,原有变量适合做因子分析;反之,如果检验统计量的观测值比较小且对应的概率 P 值大于给定的显著性水平 α,则不能拒绝原假设,可以认为相关系数矩阵与单位阵没有显著差异,原有变量不适合作因子分析。

一、专利管理

专利管理测度题项的 KMO 值为 0.742,大于 0.7;Bartlett 球体检验的检验统计量为 305.519,自由度(df)为 45,相应的概率 P 值接近 0,达到显著性水平(见表 6-3)。表明变量间存在相关关系,适合做探索性因子分析。因此,本书通过 60 份样本对构建的 10 个题项进行因子分析,结果如表 6-4 所示。根据特征根大于 1,利用最大方差法进行因子旋转,最大因子载荷大于 0.5 的要求,共提取了三个因子,根据因子载荷的分布来看,专利获取、专利保护、专利商业化三个变量的题项按照预期归入了同一因子,且因子载荷均在 0.80 以上。三个因子共解释了原有变量总方差的 77.564%,从总体上看,原有变量的信息丢失较少,因子分析效果比较理想。

表 6-3 专利管理的 KMO 和 Bartlett 球体检验(N=60)

	KMO 取样适当性测量值	0.742
Bartlett 球体检验	近似卡方值	305.519
	自由度(df)	45
	显著性水平(sig.)	0.000

表 6-4 专利管理的探索性因子分析结果(N=60)

题项(简写)	描述性统计分析		因子载荷		
	均值	方差	专利获取	专利保护	专利商业化
大量的专利研发资金投入	4.23	0.998	0.890	0.054	0.106
拥有生产/服务的大部分专利	4.40	1.278	0.906	-0.053	-0.020
组建或加入专利联盟	4.53	1.142	0.868	-0.063	0.073

续表

题项（简写）	描述性统计分析		因子载荷		
	均值	方差	专利获取	专利保护	专利商业化
创新成果积极申请专利	5.11	1.151	0.080	0.871	0.041
专利部门或职能人员发挥作用	5.06	0.936	-0.106	0.899	-0.180
参与国际、国内行业标准制定	5.22	1.010	-0.163	0.846	0.065
专利风险评估及预测	5.05	0.891	0.093	0.873	-0.103
拥有高质量的专利组合	4.25	0.876	0.050	-0.111	0.843
拥有经营的互补性资源	4.50	0.983	0.063	-0.049	0.852
专利技术许可、转让	4.32	0.792	0.037	0.035	0.869

接下来，本书对专利管理的各因子进行信度分析，以检验通过探索性因子分析的各题项之间的内部一致性，结果如表6-5所示。由表6-5可以看出，所有题项-总体相关系数（CITC）均大于0.35，各变量的Cronbach's α系数均大于0.7。因此，专利管理各题项间具有较好的内部一致性，专利管理的量表具有较好的信度。

表6-5 专利管理的信度检验（N=60）

变量	题项（简写）	CITC	删除该题项后的Cronbach's α	Cronbach's α
专利获取	大量的专利研发资金投入	0.756	0.812	0.865
	拥有生产/服务的大部分专利	0.772	0.793	
	组建或加入专利联盟	0.728	0.824	
专利保护	创新成果积极申请专利	0.761	0.869	0.893
	专利部门或职能人员发挥作用	0.822	0.842	
	参与国际、国内行业标准制定	0.733	0.873	
	专利风险评估及预测	0.764	0.864	
专利商业化	拥有高质量的专利组合	0.662	0.755	0.817
	拥有经营的互补性资源	0.667	0.761	
	专利技术许可、转让	0.696	0.732	

二、持续创新能力

持续创新能力测度题项的 KMO 值为 0.719，大于 0.7；Bartlett 球体检验的检验统计量为 824.212，自由度（df）为 190，相应的概率 P 值接近 0，达到显著性水平（见表 6-6）。表明变量间存在相关关系，适合做进一步的探索性因子分析。因此，本书通过 60 份研究样本对构建的 20 个测度题项进行因子分析，结果如表 6-7 所示。根据特征根大于 1，利用最大方差法进行因子旋转，最大因子载荷大于 0.5 的要求，共提取了 6 个因子，根据因子载荷的分布来看，学习能力、资源配置能力、R&D 能力、制造能力、市场能力和制度能力六个变量的题项按照预期归入了同一因子。六个因子共解释了原有变量总方差的 80.001%，原有变量的信息丢失较少，因子分析效果较理想。

表 6-6 持续创新能力的 KMO 和 Bartlett 球体检验（N=60）

	KMO 取样适当性测量值	0.719
Bartlett 球体检验	近似卡方值	824.212
	自由度（df）	190
	显著性水平（sig.）	0.000

表 6-7 持续创新能力的探索性因子分析结果（N=60）

题项（简写）	描述性统计分析		因子载荷					
	均值	方差	学习能力	资源配置能力	R&D能力	制造能力	市场能力	制度能力
鼓励员工发现技术创新机会	4.90	0.681	0.837	-0.102	0.174	-0.056	0.150	0.204
技术创新中使用专利数据库	4.73	0.733	0.829	0.178	-0.033	0.070	-0.063	0.077
组织员工进行专利知识培训	4.70	0.788	0.720	0.088	-0.123	0.309	0.291	-0.033
紧密跟随本行业领域前沿	5.05	0.699	0.502	0.047	0.207	0.209	0.309	0.350
具备良好的人力资源规划	4.90	1.245	-0.036	0.834	0.160	0.139	0.191	0.276
职能部门关键人员参与创新	4.93	1.191	0.124	0.865	0.082	0.020	0.170	0.206
创新中较多地利用创新资源	5.25	1.297	0.079	0.856	0.258	-0.150	-0.037	0.158

续表

题项（简写）	描述性统计分析		因子载荷					
	均值	方差	学习能力	资源配置能力	R&D能力	制造能力	市场能力	制度能力
研发部门与其他部门的沟通	4.61	1.367	0.072	0.83	0.890	0.011	0.017	0.164
具备技术转变产品高效机制	4.33	1.203	-0.029	0.163	0.873	0.081	-0.106	0.048
吸收市场与客户的反馈信息	4.80	1.363	0.059	0.214	0.823	-0.103	0.251	0.010
生产部门可批量生产	4.32	1.456	0.199	0.003	-0.027	0.905	0.066	-0.028
有效采用先进制造方法	4.52	1.692	0.050	0.010	0.024	0.947	0.153	0.109
具备熟练生产工人	4.50	1.692	0.047	-0.003	0.011	0.915	0.228	0.094
与主流客户关系紧密	5.38	1.223	0.060	0.171	0.074	0.210	0.854	0.104
较好理解不同细分市场	5.21	1.250	0.112	0.042	0.030	0.069	0.904	-0.050
有积极开拓市场的销售人员	5.23	1.382	0.057	0.045	0.110	0.141	0.895	0.063
为专利产品提供优质售后	4.73	1.339	0.145	0.054	-0.074	0.064	0.816	0.073
贵公司具备完善规章制度	5.60	1.028	0.177	0.386	0.207	0.180	-0.006	0.724
制度得到大部分员工认可	5.18	1.017	0.120	0.219	0.216	0.232	-0.035	0.775
制度能够得到持续完善	5.72	1.060	0.093	0.169	-0.100	-0.161	0.168	0.791

接下来，本书对持续创新能力的各因子进行信度分析，以检验通过探索性因子分析的各题项之间的内部一致性，结果如表6-8所示。由表6-8可知，所有题项—总体相关系数（CITC）均大于0.35，各变量的Cronbach's α系数均大于0.7。因此，持续创新能力各题项间具有较好的内部一致性，其量表具有较高的信度。

表6-8 持续创新能力的信度检验（N=60）

变量	题项（简写）	CITC	删除该题项后的Cronbach's α	Cronbach's α
学习能力	鼓励员工发现技术创新机会	0.688	0.676	0.780
	技术创新中使用专利数据库	0.588	0.725	
	组织员工进行专利知识培训	0.585	0.728	
	紧密跟随本行业领域前沿	0.490	0.772	

续表

变量	题项（简写）	CITC	删除该题项后的 Cronbach's α	Cronbach's α
资源配置能力	具备良好的人力资源规划	0.782	0.845	0.890
	职能部门关键人员参与创新	0.803	0.829	
	创新中较多地利用创新源	0.771	0.857	
R&D能力	研发部门与其他部门的沟通	0.797	0.754	0.864
	具备技术转变产品高效机制	0.763	0.794	
	吸收市场与客户的反馈信息	0.674	0.873	
制造能力	生产部门可批量生产	0.832	0.955	0.942
	有效采用先进制造方法	0.936	0.871	
	具备熟练生产工人	0.887	0.912	
市场能力	与主流客户关系紧密	0.799	0.886	0.912
	较好理解不同细分市场	0.826	0.876	
	有积极开拓市场的销售人员	0.832	0.874	
	为专利产品提供优质售后	0.748	0.905	
制度能力	贵公司具备完善规章制度	0.694	0.628	0.784
	制度得到大部分员工认可	0.672	0.653	
	制度能够得到持续完善	0.511	0.826	

三、技术创新绩效

技术创新绩效测度题项的 KMO 值为 0.744，大于 0.7；Bartlett 球体检验的检验统计量为 158.006，自由度为 21，相应的概率 P 值接近 0，达到显著性水平（见表 6-9）。表明变量间存在相关关系，适合做探索性因子分析。因此，本书针对构建的技术创新绩效 7 个题项进行因子分析，结果如表 6-10 所示。根据特征根大于 1，利用最大方差法进行因子旋转，最大因子载荷大于 0.5 的要求，共提取了两个因子，根据因子载荷的分布来看，经济效益和社会效益两个变量的题项全部根据预期归入了同一因子。这两个因子共解释了原有变量总方差的 65.121%。从总体上看，原有变量的信息丢失较少，因子分析效果较理想。

表 6-9 技术创新绩效的 KMO 和 Bartlett 球体检验 (N=60)

KMO 取样适当性测量值		0.744
Bartlett 球体检验	近似卡方值	158.006
	自由度 (df)	21
	显著性水平 (sig.)	0.000

表 6-10 技术创新绩效的探索性因子分析结果 (N=60)

题项 (简写)	描述性统计分析		因子载荷	
	均值	方差	经济效益	社会效益
业内领先推出新产品/服务	5.37	1.007	0.736	0.021
专利产品对利润有主要贡献	4.90	1.145	0.845	0.222
比同行更高的创新成功率	4.93	1.180	0.840	0.287
比同行更多的专利	4.83	1.195	0.675	0.292
创新产品/技术带动技术发展	5.18	1.172	0.383	0.761
产品/技术能改善环境	5.03	1.089	0.022	0.882
比同行更高的环保程度	5.38	1.023	0.207	0.615

表 6-11 技术创新绩效的信度检验 (N=60)

变量	题项 (简写)	CITC	删除该题项后的 Cronbach's α	Cronbach's α
经济效益	业内领先推出新产品/服务	0.480	0.840	0.820
	专利产品对利润有主要贡献	0.751	0.721	
	比同行更高的创新成功率	0.767	0.711	
	比同行更多的专利	0.588	0.800	
社会效益	创新产品/技术带动技术发展	0.610	0.486	0.701
	产品/技术能改善环境	0.547	0.571	
	比同行更高的环保程度	0.405	0.740	

接下来，本书对技术创新绩效的各因子进行信度分析，以检验通过探索性因子分析的各题项之间的内部一致性，结果如表 6-11 所示。由表 6-11

可以看出，所有的题项—总体相关系数均大于 0.35，各变量的 Cronbach's α 系数大于 0.7。因此，技术创新绩效各题项间具有较好的内部一致性，技术创新绩效量表具有较好的信度。

四、技术锁定

技术锁定测度题项的 KMO 值为 0.719，大于 0.7；Bartlett 球体检验的检验统计量为 62.877，自由度为 3，相应的概率 P 值接近 0，达到显著性水平（见表 6-12），适合做进一步的探索性因子分析。因此，本书通过 60 份研究样本对构建的技术锁定 3 个题项进行因子分析，结果如表 6-13 所示。根据特征根大于 1、最大因子载荷大于 0.5 的要求，各题项按照预期归为一个因子，且因子载荷均在 0.85 以上，累积解释变差达到 74.129%。

表 6-12 技术锁定的 KMO 和 Bartlett 球体检验（N=60）

KMO 取样适当性测量值		0.719
Bartlett 球体检验	近似卡方值	62.877
	自由度（df）	3
	显著性水平（sig.）	0.000

表 6-13 技术锁定的探索性因子分析结果（N=60）

题项（简写）	描述性统计分析		因子载荷
	均值	方差	技术锁定
主导技术产品的收益是递增的	5.30	1.046	0.859
能够轻易地转向新技术产品的生产	5.02	1.157	0.850
新技术与旧技术存在较大差别	4.97	1.164	0.874

接下来，对技术锁定变量进行信度检验，结果如表 6-14 所示。由表 6-14 可知，所有题项—总体相关系数均大于 0.35，变量的 Cronbach's α 系数大于 0.7。因此，技术锁定各题项具有较好的内部一致性，其量表具有较高的信度。

表 6-14 技术锁定的信度检验（N=60）

变量	题项（简写）	CITC	删除该题项后的 Cronbach's α	Cronbach's α
技术锁定	主导技术产品的收益是递增的	0.678	0.763	0.824
	能够轻易转向新技术产品生产	0.665	0.774	
	新技术与旧技术存在较大差别	0.703	0.703	

第四节 验证性因子分析

在对本书各变量进行了探索性因子分析后，本节将对所有变量进行验证性因子分析。探索性因子分析方法适用于构思结构形成之前，而验证性因子分析则提供了进一步的验证，为模型检验提供基础。验证性因子分析采用的样本为回收的 423 份有效问卷中去除探索性因子分析使用的 60 份样本后，剩余的 363 份样本，是独立于探索性因子分析的样本集。

一、专利管理

本书首先利用 363 份样本数据对专利管理（Patent Management，PM）中的专利获取（Patent Acquisition，PA）、专利保护（Patent Protection，PP）、专利商业化（Patent Commercialization，PC）三个变量进行描述性统计，然后对各变量进行信度检验，结果如表 6-15。信度检验依然是通过计算三个变量的题项—总体相关系数和每个变量的 Cronbach's α 系数来评价专利管理测度的信度。由表 6-15 的结果可以看出，CITC 指标值均大于 0.35，Cronbach's α 系数大于 0.7，通过了信度检验，变量测度的一致性较好。

表6-15 专利管理的描述性统计及信度检验（N=363）

变量	题项（简写）	均值	标准差	CITC	Cronbach's α
专利获取	大量的专利研发资金投入	4.18	1.581	0.891	0.945
	拥有生产/服务的大部分专利	4.18	1.588	0.892	
	组建或加入专利联盟	4.21	1.566	0.874	
专利保护	创新成果积极申请专利	4.72	1.581	0.843	0.931
	专利部门或职能人员发挥作用	4.60	1.450	0.844	
	参与国际、国内行业标准制定	4.87	1.576	0.846	
	专利风险评估及预测	4.40	1.427	0.821	
专利商业化	拥有高质量的专利组合	3.92	1.410	0.853	0.931
	拥有经营的互补性资源	4.18	1.500	0.864	
	专利技术许可、转让	4.07	1.494	0.858	

接下来，运用AMOS 7.0软件对专利管理的专利获取、专利保护和专利商业化三个变量进行验证性因子分析。测量模型及路径系数分别见图6-1和表6-16。

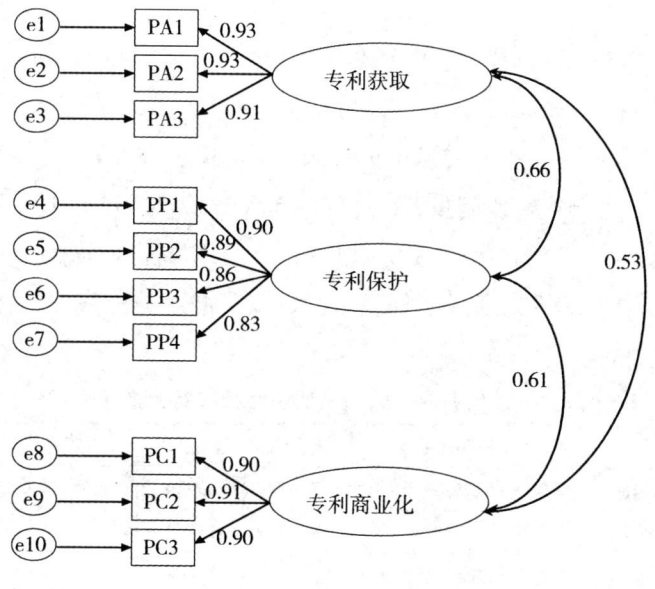

图6-1 专利管理的测量模型

专利管理测量模型的拟合结果表明,χ^2 值为 33.037 (df = 27),χ^2/df 值为 1.224,小于 2;NFI 为 0.991,GFI 为 0.982,CFI 为 0.998,均大于 0.9,接近于 1;RMSEA 为 0.025,小于 0.05;标准化系数大于 0.5,且在 $P<0.001$ 的水平上具有统计显著性。由此可见,模型与数据拟合效果很好,即本书对专利获取、专利保护和专利商业化三个变量的划分与测度具有较高的效度。

表 6-16 专利管理测量模型的路径分析(N=363)

路径	路径系数	C. R.	P	路径	路径系数	C. R.	P
PA3←专利获取	0.909		***	PP2←专利保护	0.893	21.102	***
PA2←专利获取	0.934	29.820	***	PP1←专利保护	0.904	21.472	***
PA1←专利获取	0.927	29.241	***	PC3←专利商业化	0.901		***
PP4←专利保护	0.90		***	PC2←专利商业化	0.910	26.294	***
PP3←专利保护	0.858	23.500	***	PC1←专利商业化	0.900	25.784	***

注:***表示显著性水平 $P<0.001$。

二、持续创新能力

首先需要对持续创新能力(CIC)中的学习能力(Learning Capability, LC)、资源配置能力(Resource Allocation Capability, RA)、R&D 能力(R&D Capability, RD)、制造能力(Manufacture Capability, MC)、营销能力(Marketing Capability, MK)和制度能力(Institution Capability, IC)进行信度分析,结果如表 6-17。由表 6-17 可以看出,CITC 指标值均大于 0.35,Cronbach's α 系数大于 0.7,通过了信度检验,变量测度的一致性较好。

表 6-17 持续创新能力的描述性统计及信度检验(N=363)

变量	题项(简写)	均值	标准差	CITC	Cronbach's α
学习能力	鼓励员工发现技术创新机会	5.31	1.386	0.747	0.894
	技术创新中使用专利数据库	4.73	1.512	0.788	
	组织员工进行专利知识培训	4.81	1.609	0.793	
	紧密跟随本行业领域前沿	5.25	1.465	0.740	

续表

变量	题项（简写）	均值	标准差	CITC	Cronbach's α
资源配置能力	具备良好的人力资源规划	4.76	1.459	0.910	0.956
	职能部门关键人员参与创新	4.81	1.470	0.912	
	创新中较多地利用创新源	4.90	1.485	0.899	
R&D 能力	研发部门与其他部门的沟通	4.67	1.617	0.905	0.958
	具备技术转变产品高效机制	4.52	1.560	0.922	
	吸收市场与客户的反馈信息	4.71	1.587	0.903	
制造能力	生产部门可批量生产	4.70	1.459	0.905	0.959
	有效采用先进制造方法	4.76	1.498	0.921	
	具备熟练生产工人	4.86	1.546	0.912	
市场能力	与主流客户关系紧密	5.50	1.211	0.756	0.883
	较好理解不同细分市场	5.27	1.270	0.796	
	有积极开拓市场的销售人员	5.36	1.308	0.745	
	为专利产品提供优质售后	5.17	1.261	0.686	
制度能力	贵公司具备完善规章制度	5.25	1.401	0.874	0.937
	制度得到大部分员工认可	5.12	1.415	0.871	
	制度能够得到持续完善	5.24	1.480	0.865	

接下来，运用 AMOS7.0 软件对持续创新能力的学习能力、资源配置能力、R&D 能力、制造能力、营销能力和制度能力 6 个变量进行验证性因子分析。测量模型及路径系数分别见表 6-18 和图 6-2。

表 6-18 持续创新能力测量模型的路径分析（N=363）

路径	路径系数	C.R.	P	路径	路径系数	C.R.	P
LC3←学习能力	0.842		***	MC1←制造能力	0.931		***
LC2←学习能力	0.851	19.777	***	MC3←制造能力	0.940	34.352	***
LC1←学习能力	0.803	17.971	***	MC2←制造能力	0.953	35.986	***
LC4←学习能力	0.804	17.982	***	MK2←营销能力	0.862		***
RC1←资源配置能力	0.941		***	MK3←营销能力	0.808	18.403	***
RC2←资源配置能力	0.946	35.723	***	MK4←营销能力	0.746	16.370	***
RC3←资源配置能力	0.926	33.237	***	MK1←营销能力	0.824	18.954	***

续表

路 径	路径系数	C. R.	P	路 径	路径系数	C. R.	P
RD1←R&D 能力	0.933		***	IC1←制度能力	0.913		***
RD3←R&D 能力	0.931	33.143	***	IC2←制度能力	0.911	28.003	***
RD2←R&D 能力	0.956	36.147	***	IC3←制度能力	0.911	27.981	***

注：***表示显著性水平 $P<0.001$。

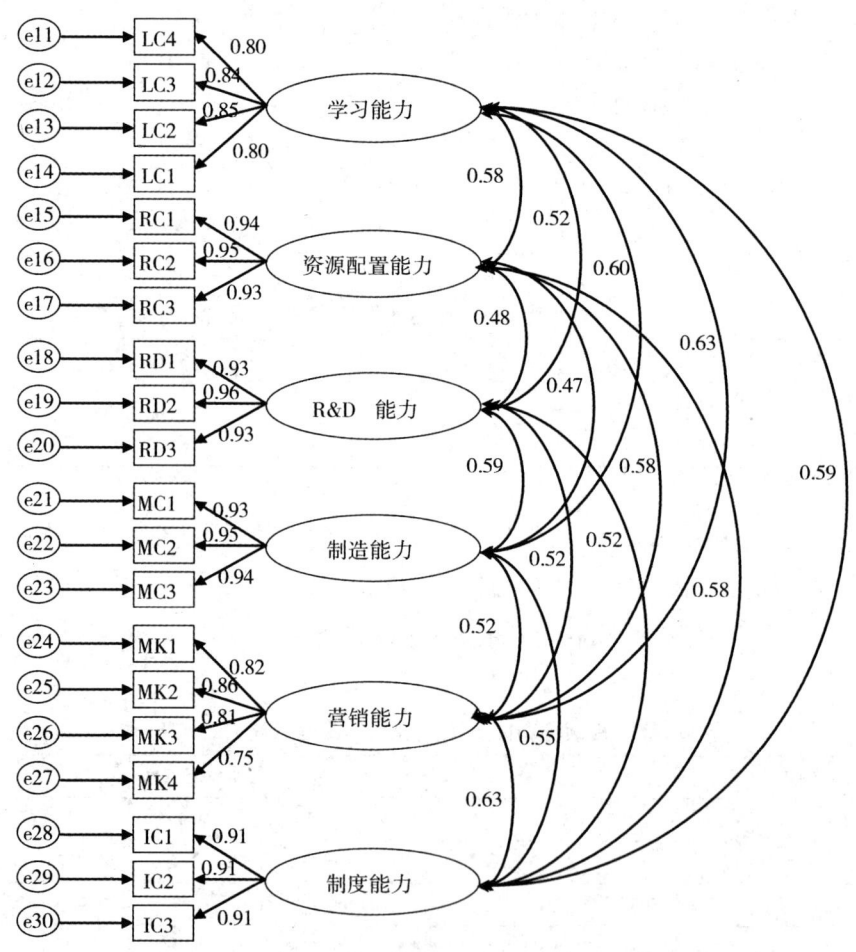

图 6-2 持续创新能力的测量模型

持续创新能力测量模型的拟合结果表明，χ^2 值为 256.909（df=153），$\chi^2/$

df 比值为 1.679，小于 2；NFI 为 0.965，GFI 为 0.932，CFI 为 0.985，均大于 0.9，并接近于 1；RMSEA 为 0.043，小于 0.05；标准化系数大于 0.5，且在 $P<0.001$ 的水平上具有统计显著性。由此可见，模型与数据拟合效果很好，即本书对学习能力、资源配置能力、R&D 能力、制造能力、营销能力和制度能力六个变量的划分与测度具有较高的效度。

三、技术创新绩效

同前面的方法一样，首先需要对技术创新绩效（Technological Innovation Performance，TIP）中的经济效益（Economic Performance，EP）和社会效益（Societal Performance，SP）进行信度分析，结果如表 6-19。由表 6-19 可知，CITC 指标值均大于 0.35，Cronbach's α 系数大于 0.7，通过了信度检验，变量测度的一致性较好。

表 6-19　技术创新绩效的描述性统计及信度检验（N=363）

变量	题项（简写）	均值	标准差	CITC	Cronbach's α
经济效益	业内领先推出新产品/服务	5.11	1.502	0.754	0.896
	专利产品对利润有主要贡献	4.74	1.426	0.772	
	比同行更高的创新成功率	4.75	1.396	0.805	
	比同行更多的专利	4.47	1.415	0.751	
社会效益	创新产品/技术带动技术发展	4.96	1.368	0.751	0.866
	产品/技术能改善环境	4.92	1.363	0.761	
	比同行更高的环保程度	5.15	1.272	0.724	

接下来，运用 AMOS7.0 软件对技术创新绩效的经济效益、社会效益两个变量进行验证性因子分析。测量模型及路径系数分别见图 6-3 和表 6-20。

技术创新绩效测量模型的拟合结果表明，χ^2 值为 9.646（df=11），χ^2/df 比值为 0.877，小于 2；NFI 为 0.994，GFI 为 0.993，CFI 为 1；RMSEA 为 0.000；标准化系数大于 0.5，且在 $P<0.001$ 的水平上具有统计显著性。由此可见，模型与数据拟合良好，即本书对经济效益、社会效益两个变量的划

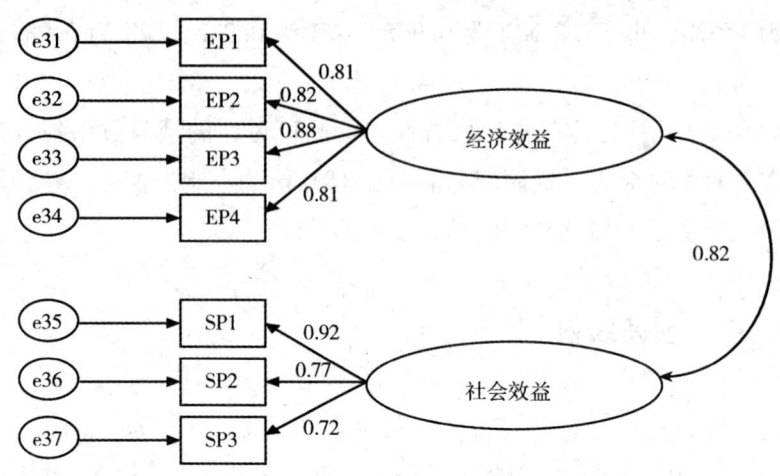

图 6-3 技术创新绩效的测量模型

表 6-20 技术创新绩效测量模型的路径分析（N=363）

路径	路径系数	C.R.	P	路径	路径系数	C.R.	P
EP2←经济效益	0.817		***	SP3←社会效益	0.716		***
EP3←经济效益	0.875	19.460	***	SP2←社会效益	0.772	16.439	***
EP4←经济效益	0.809	17.508	***	SP1←社会效益	0.922	14.858	***
EP1←经济效益	0.810	17.536	***				

注：***表示显著性水平 $P<0.001$。

分与测度具有较好的效度。

四、技术锁定

首先对技术锁定进行信度分析。结果如表 6-21 所示，各项指标符合要求，通过了信度检验，说明变量测度的一致性较好。

表6-21 技术锁定的描述性统计及信度检验（N=363）

变量	题项（简写）	均值	标准差	CITC	Cronbach's α
技术锁定	主导技术产品的收益是递增的	4.90	1.337	0.721	0.855
	能够轻易转向新技术产品生产	4.85	1.453	0.740	
	新技术与旧技术存在较大差别	4.81	1.443	0.722	

在探索性因子分析中，技术锁定确定了3个测度题项，测量模型如图6-4所示。在该测量模型中，样本数据协方差矩阵与假设模型的协方差矩阵形成一对一配对，样本数据方差及协方差总数目与模型中的自由参数数目相等，即都为6个。因此，模型中所有参数只能有唯一解，模型的自由度为0（df=0），卡方值为0（$\chi^2=0$），该测量模型为恰好识别模型，说明收集的样本数据与现实情况相似度较高。

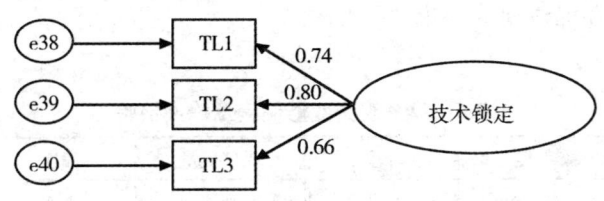

图6-4 技术锁定的测量模型

第五节 结构方程模型检验

通过前面的探索性因子分析和验证性因子分析，说明本书所构建的测量模型具有较好的表征效果。为了更好地检验本书所提出的理论模型及相关研究假设，本节将通过结构方程模型（SEM）深入揭示专利管理与技术创新绩效的关联机理。

在对结构方程模型进行数据分析之前，需要检验数据的合理性和有效性。通常认为，结构方程模型分析的样本数应该在100~200，采用最大似然估计法（ML）来进行模型参数估计；在大样本情况下，可以采用未加权最小二乘估计法（ULS），但该方法无法进行参数显著性检验；在大样本情况下，广义最小二乘估计法的拟合函数与最大似然估计法的拟合函数很接近，估计的结果也很接近。所以，综合各种情况，最大似然估计法是较好的选择（Olsson et al.，2000）。运用最大似然法进行结构方程估计，要求样本数据服从正态分布。一般情况下，样本数据的中值与中位数相近，偏度（Skewness）绝对值小于2，峰度（Kurtosis）绝对值小于5时，即可认为数据服从正态分布（Ghiselli et al.，1981）。本书中可用于研究分析的有效样本共计363份，符合样本容量，而且样本观测量的偏度和峰度都远远低于临界标准（见表6-22），在合理的范围之内，各题项的样本数据服从正态分布，故本书采用最大似然法进行参数估计。此外，本章第二节、第三节已对样本数据的信度和效度进行了检验。由此，本书的样本容量、样本数据分布状态及信度、效度均达到了结构方程建模的要求。

表6-22 观察变量偏度及峰度检验

观察变量	偏度	峰度	观察变量	偏度	峰度
PA1	-0.066	-0.792	MC1	-0.407	-0.843
PA2	-0.038	-0.920	MC2	-0.586	-0.583
PA3	-0.104	-0.926	MC3	-0.526	-0.722
PP1	-0.333	-0.748	MK1	-1.037	1.134
PP2	-0.390	-0.460	MK2	-0.885	0.698
PP3	-0.598	-0.377	MK3	-0.978	0.674
PP4	-0.281	-0.461	MK4	-0.633	0.062
PC1	0.018	-0.248	IC1	-1.101	0.616
PC2	-0.150	-0.856	IC2	-1.004	0.279
PC3	-0.078	-0.789	IC3	-0.912	0.176
LC1	-0.704	0.069	EP1	-0.597	-0.246
LC2	-0.239	-0.727	EP2	-0.445	-0.410
LC3	-0.317	-0.788	EP3	-0.389	-0.253
LC4	-0.807	0.242	EP4	-0.285	-0.036

续表

观察变量	偏度	峰度	观察变量	偏度	峰度
RC1	-0.603	-0.417	SP1	-0.750	0.296
RC2	-0.654	-0.539	SP2	-0.638	-0.042
RC3	-0.639	-0.409	SP3	-0.965	0.974
RD1	-0.338	-0.884	TL1	-0.510	-0.094
RD2	-0.338	-0.903	TL2	-0.391	-0.406
RD3	-0.513	-0.848	TL3	-0.435	-0.338

在构建结构方程之前，还需要对结构方程中涉及的所有变量进行简单的 Pearson 相关分析，以了解专利获取、专利保护、专利商业化及学习能力、资源配置能力、R&D 能力、制造能力、营销能力、制度能力及经济效益、社会效益等变量之间的相关性（见表 6-23）。变量间的相关性反映了变量间相互作用的可能性，通过相关分析，可以初步判断构建的模型或研究假设的合理性。表 6-23 的数据显示，高新技术企业专利管理、持续创新能力、技术创新绩效达到显著相关关系，初步证明了本书中研究假设的合理性。

在检验了样本数据的合理性和有效性后，初步证明了本书提出的理论模型及研究假设的合理性，接下来，将进行 SEM 模型分析及假设检验。

一、专利管理与持续创新能力关系检验

根据理论模型和研究假设，本部分模型共包括两方面的变量。专利管理包括专利获取（PA）、专利保护（PP）、专利商业化（PC）三个变量，持续创新能力包括学习能力（LC）、资源配置能力（RC）、R&D 能力（RD）、制造能力（MC）、营销能力（MK）、制度能力（IC）六个变量。其中，专利管理变量是外生潜变量，即自变量，持续创新能力变量是内生潜变量，即因变量。专利管理与持续创新能力模型中共包含 10 个专利管理的观察变量和 20 个持续创新能力的观察变量，每个观察变量各有一个误差变量。因此，模型共 30 个观察变量的误差变量（e1~e30）和 6 个残差变量（z1~z6）。模型的整体情况如图 6-5 所示。

表 6-23 变量间的相关性矩阵（N=363）

变量	均值	标准差	PA	PP	PC	LC	RC	RD	MC	MK	IC	EP	SP	TL	C1	C2	C3	C4
PA	4.417	1.427	1															
PP	4.686	1.346	0.697**	1														
PC	4.279	1.292	0.591**	0.651**	1													
LC	5.037	1.289	0.632**	0.640**	0.660**	1												
RC	5.141	1.116	0.489**	0.534**	0.555**	0.613**	1											
RD	5.069	1.154	0.553**	0.532**	0.607**	0.644**	0.645**	1										
MC	5.148	1.147	0.507**	0.466**	0.469**	0.577**	0.609**	0.687**	1									
MK	5.326	1.052	0.455**	0.499**	0.484**	0.549**	0.548**	0.609**	0.574**	1								
IC	5.428	1.049	0.421**	0.425**	0.445**	0.515**	0.627**	0.602**	0.608**	0.602**	1							
EP	4.769	1.253	0.590**	0.611**	0.640**	0.654**	0.606**	0.654**	0.544**	0.522**	0.556**	1						
SP	5.012	1.185	0.545**	0.515**	0.550**	0.640**	0.545**	0.523**	0.485**	0.521**	0.486**	0.709**	1					
TL	4.853	1.243	0.559**	0.546**	0.564**	0.632**	0.564**	0.628**	0.606**	0.482**	0.566**	0.701**	0.608**	1				
C1	3.091	1.248	-0.152**	-0.260**	-0.273**	-0.169**	0.003	-0.222**	0.009	-0.082	-0.007	-0.323**	-0.102	-0.19**	1			
C2	2.025	1.231	0.205**	0.266**	0.285**	0.263**	0.116*	0.303**	0.106*	0.032	0.124*	0.273**	0.120*	0.251**	-0.505**	1		
C3	2.405	1.447	0.001	-0.068	-0.079	-0.033	-0.139**	-0.056	0.011	-0.077	-0.196**	-0.141**	-0.134*	-0.123*	0.224**	-0.201**	1	
C4	1.650	0.706	0.151**	0.166**	0.232**	0.168**	0.062	0.184**	0.017	0.097	0.055	0.246*	0.126*	0.089	-0.456**	0.509**	-0.185*	1

注：* 表示显著性水平 P<0.1，** 表示显著性水平 P<0.01（双尾检验）。

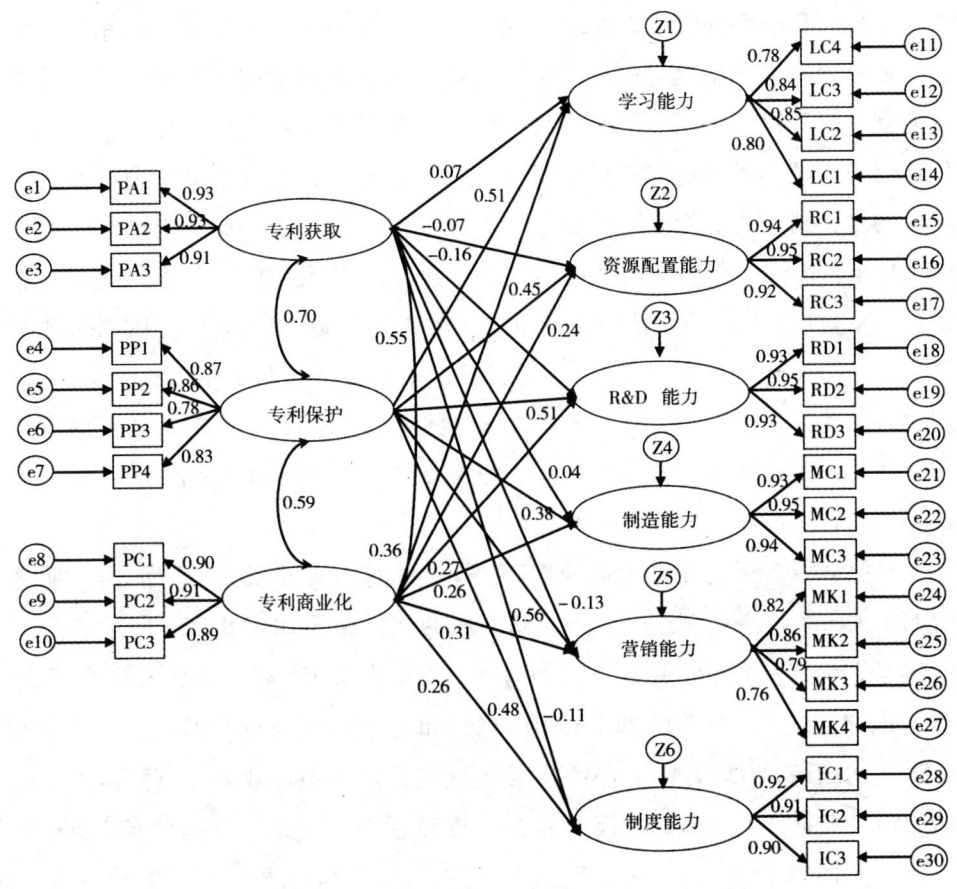

图 6-5 专利管理与持续创新能力的结构模型（PM-CIC 模型）

利用 AMOS 7.0 软件对结构模型进行分析运算，初始模型运行结果如表 6-24 所示。从初始模型拟合效果来看，除 GFI 的值略小于 0.9 以外，其余各项拟合值都在允许的指标范围内。为使模型达到较好的拟合效果，此处需要对模型进行适当的修正。

表 6-24 专利管理与持续创新能力初始结构模型拟合结果（N=363）

	χ^2	χ^2/df	RMSEA	NFI	GFI	CFI
结果值	1046.045	2.724	0.069	0.908	0.886	0.940
参考范围	>0	<3	<0.08	>0.9	>0.9	>0.9

结构方程模型的修正有两个方向：一是向简约方面的修正，即删除或限制一些路径，使模型变得更加简洁；二是向扩展方面的修正，即放松一些路径限制，提高模型的拟合程度。很显然，这两种方法不能同时使用，但无论怎样修正模型，最终目的都是获得一个既简洁又符合实际意义的模型。需要注意的是，路径的删除或限制必须有理论或现实的依据。通常根据修正指数（Modification Index，MI）对初始模型进行修正，MI反映的是一个固定或限制参数恢复自由时，χ^2值可能减少的量。一般认为，MI>4，对模型的修正才有意义。本模型的修正主要依据MI进行，通过查找数值最大的MI，放松变量间关系的约束，使修正后的χ^2值与原模型相比大大降低。此时，要考虑放松变量间关系的合理解释，如果没有合理的解释，则考虑第二大数值的MI，以此类推，直至得到一个合理的模型。

根据AMOS运行结果提供的MI值和变量间的实际意义，增加误差项之间的相关关系，对模型进行修正，修正后的运行结果如表6-25所示。在χ^2值达到736.349，χ^2/df值达到2.092，RMSEA为0.055时，增加误差项e7与e5之间的相关，大幅度降低了χ^2值和χ^2/df值，χ^2值为665.213，χ^2/df值为1.895，小于2，RMSEA为0.050，模型达到很好的拟合效果。但根据参数估计的结果来看，大大降低了模型的实际解释意义。因此，将模型修正到表6-25所示的结果，χ^2值与χ^2/df值较修正前有较大幅度的下降，GFI的值达到0.9以上，各项拟合指标均达到较好的结果，模型拟合良好。

表6-25 专利管理与持续创新能力修正模型拟合结果（N=363）

	χ^2	χ^2/df	RMSEA	NFI	GFI	CFI
结果值	736.349	2.092	0.055	0.935	0.920	0.965
参考范围	>0	<3	<0.08	>0.9	>0.9	>0.9

结构模型的路径系数如表6-26所示。由表6-26的结果可知，专利获取与持续创新能力中的R&D能力、营销能力呈负相关关系，并分别在显著性概率水平P<0.05和P<0.1的水平下显著；专利获取与持续创新能力中的学习能力、资源配置能力、制造能力、制度能力的相关未达到显著性水平，因

此，假设 H1a～H1f 均不成立。这说明在不考虑绩效的情况下，单纯的专利获取意义不大，高新技术企业不能为了获取专利而获取专利。专利获取是手段而非目的，高新技术企业获得的专利能够对其学习能力和制造能力具有一定的影响，但影响并不显著；专利获取与资源配置能力、制度能力的关系也不显著；专利获取与 R&D 能力、营销能力之间是负相关，说明企业不能盲目追求专利数量，而应该根据企业的实际能力和自身需要，有规划、有目的地去获取专利。专利保护与持续创新能力中的六个维度（R&D 能力、学习能力、营销能力、资源配置能力、制造能力、制度能力）具有显著的正相关关系，临界比值的绝对值大于 1.96，显著性概率 $P<0.001$，说明高新技术企业专利保护对持续创新能力具有正向影响，因此，假设 H2a～H2f 成立。专利商业化与持续创新能力的各维度之间具有显著的正相关关系，临界比值的绝对值都大于 1.96，显著性概率 P 值小于 0.001，说明高新技术企业专利商业化对其持续创新能力具有显著的正向影响，因此，假设 H3a～H3f 成立。

表 6-26　专利管理与持续创新能力模型的路径分析（N=363）

路径	路径系数	C.R.	P	路径	路径系数	C.R.	P
资源配置能力←专利保护	0.452	5.819	***	资源配置能力←专利商业化	0.242	3.894	***
制造能力←专利保护	0.387	5.244	***	学习能力←专利保护	0.509	7.673	***
制度能力←专利保护	0.475	6.067	***	营销能力←专利保护	0.560	7.239	***
学习能力←专利商业化	0.356	6.868	***	制造能力←专利获取	0.036	0.533	0.594
R&D 能力←专利商业化	0.265	4.327	***	学习能力←专利获取	0.070	1.202	0.229
营销能力←专利商业化	0.306	5.010	***	资源配置能力←专利获取	-0.070	-0.983	0.326
制造能力←专利商业化	0.260	4.333	***	营销能力←专利获取	-0.128	-1.853	*
制度能力←专利商业化	0.258	4.138	***	制度能力←专利获取	-0.111	-1.544	0.123
R&D 能力←专利保护	0.510	6.671	***	R&D 能力←专利获取	-0.155	-2.224	**

注：***表示显著性水平 $P<0.001$；**表示显著性水平 $P<0.05$；*表示显著性水平 $P<0.1$。

二、持续创新能力与技术创新绩效关系检验

本部分结构模型包括持续创新能力与技术创新绩效两方面的变量,其中,持续创新能力包括学习能力(LC)、资源配置能力(RC)、R&D 能力(RD)、制造能力(MC)、营销能力(MK)、制度能力(IC)六个变量,技术创新绩效包括经济效益(EP)和社会效益(SP)两个变量。持续创新能力变量是外生潜变量,即自变量,技术创新绩效是内生潜变量,即因变量。模型的整体状况如图 6-6 所示。

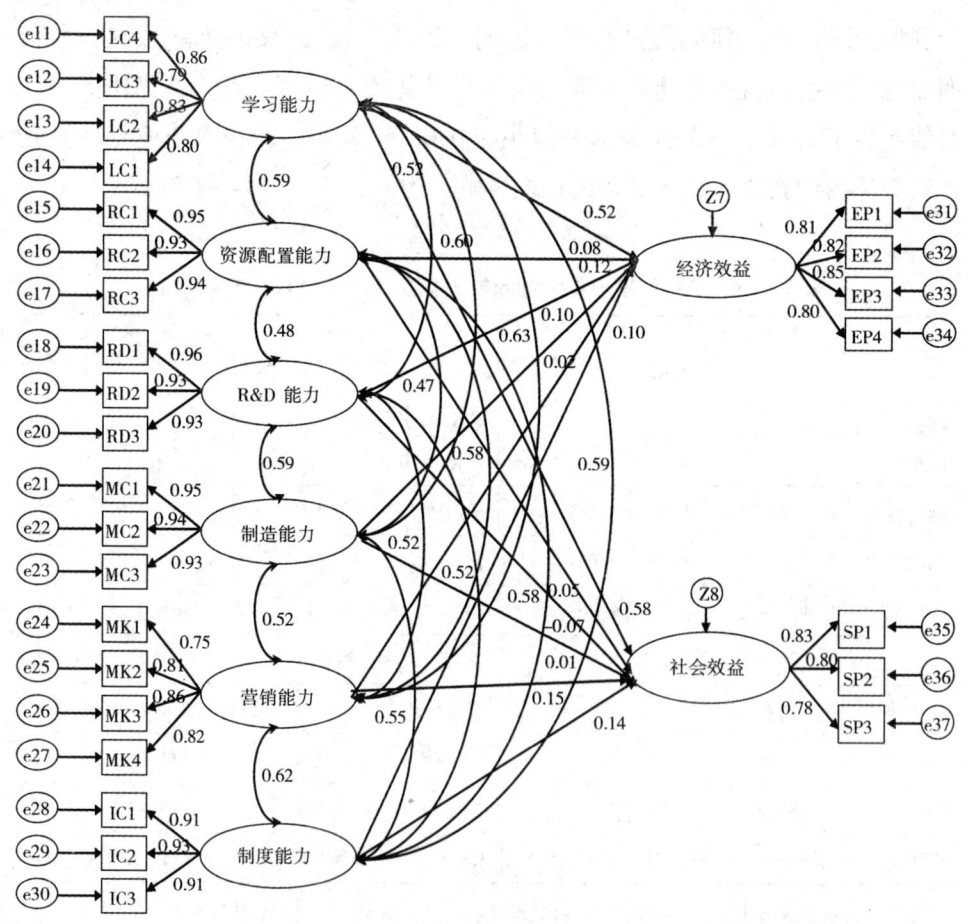

图 6-6 持续创新能力与技术创新绩效的结构模型(CIC-TIP 模型)

利用AMOS7.0软件对结构模型进行分析运算，初始模型运行结果如表6-27所示。χ^2值为540.743（自由度df=288），χ^2/df为1.878，小于3；RMSEA为0.049，小于0.08；NFI的值为0.944，GFI的值为0.900，CFI的值为0.973，均大于或等于0.9。从初始模型拟合效果来看，各项指标均在可接受的范围内，模型拟合效果比较理想。

表6-27 持续创新能力与技术创新绩效初始模型拟合结果（N=363）

	χ^2	χ^2/df	RMSEA	NFI	GFI	CFI
结果值	540.743	1.878	0.049	0.944	0.900	0.973
参考范围	>0	<3	<0.08	>0.9	>0.9	>0.9

由结构模型路径系数的结果可知（见表6-28），学习能力与技术创新绩效中的两个维度（经济效益、社会效益）均具有显著的正相关关系，临界比值的绝对值大于1.96，显著性概率P<0.001，假设H5a、H6a成立。资源配置能力与技术创新绩效两个维度（经济效益、社会效益）之间的相关关系未达到显著性水平，因此，假设H5b、H6b不成立。R&D能力与技术创新绩效中的一个维度（经济效益）的路径系数在显著性概率P<0.05的水平下显著，说明高新技术企业的R&D能力对其经济效益具有正向影响，假设H5c成立。模型的结果显示R&D能力与社会效益之间的相关关系不显著，说明高新技术企业在R&D过程中较少考虑社会效益，企业的研发是经济效益导向的，因此，假设H6c不成立。制造能力与技术创新绩效中的经济效益在显著性概率P<0.05的水平下显著，与社会效益之间的关系未达到显著性水平，因此，假设H5d成立，H6d未能得到支持。营销能力与技术创新绩效中的一个维度（社会效益）的路径系数在显著性概率P<0.05的水平下显著，说明高新技术企业的营销能力对其社会效益具有正向影响，假设H6e成立。模型的结果显示营销能力与经济效益的正相关关系未达到显著性水平，因此，假设H5e未能得到支持。对于制造型的高新技术企业而言，营销处于技术创新的后端，如果企业较多的关注营销能力对经济效益的促进作用，这是一种短视行为。制度能力与技术创新绩效中的经济效益在显著性概率P<0.1的水平

下显著，与社会效益在显著性概率 P < 0.05 的水平下显著，因此，假设 H5f、H6f 成立。

表6-28 持续创新能力与技术创新绩效模型的路径分析（N=363）

路径	路径系数	C.R.	P	路径	路径系数	C.R.	P
经济效益←学习能力	0.504	7.563	***	社会效益←制度能力	0.145	2.352	**
经济效益←资源配置能力	0.082	1.539	0.124	社会效益←学习能力	0.581	8.122	***
经济效益←R&D能力	0.121	2.358	**	社会效益←资源配置能力	0.055	0.980	0.327
经济效益←营销能力	0.028	0.456	0.648	经济效益←制造能力	0.125	2.290	**
社会效益←营销能力	0.149	2.286	**	社会效益←制造能力	0.013	0.222	0.824
经济效益←制度能力	0.097	1.678	*	社会效益←R&D能力	-0.057	-1.04	0.297

注：***表示显著性水平 P < 0.001；**表示显著性水平 P < 0.05； *表示显著性水平 P < 0.1。

三、专利管理与技术创新绩效关系检验

根据理论模型和研究假设，本部分模型共包括两方面的变量。专利管理包括专利获取（PA）、专利保护（PP）、专利商业化（PC）三个变量，技术创新绩效包括经济效益（EP）和社会效益（SP）两个变量。其中，专利管理变量是外生潜变量，即自变量，技术创新绩效变量是内生潜变量，即因变量。专利管理与技术创新绩效模型中共包含 10 个专利管理的观察变量和 7 个技术创新绩效的观察变量，每个观察变量各有一个误差变量，所以，模型共 17 个观察变量的误差变量（e1～e10，e31～e37）和 2 个残差变量（Z7～Z8）。模型的整体情况见图 6-7。

利用 AMOS 7.0 软件对结构模型进行分析运算，初始模型运行结果如表 6-29 所示。χ^2 值为 189.730（自由度 df = 100），χ^2/df 为 1.897，小于 3；RMSEA 为 0.050，小于 0.08；NFI 的值为 0.966，GFI 的值为 0.942，CFI 的值为 0.983，均大于 0.9。从初始模型拟合效果来看，各项指标均在可接受的范围内，模型拟合效果比较理想。

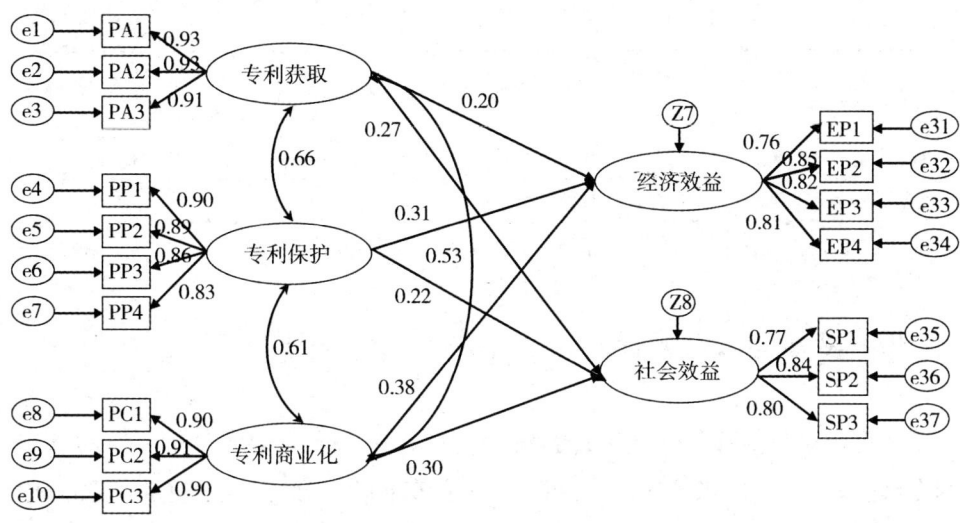

图 6-7 专利管理与技术创新绩效结构模型（PM-TIP 模型）

表 6-29 专利管理与技术创新绩效初始模型的拟合结果（N=363）

	χ^2	χ^2/df	RMSEA	NFI	GFI	CFI
结果值	189.730	1.897	0.050	0.966	0.942	0.983
参考范围	>0	<3	<0.08	>0.9	>0.9	>0.9

由结构模型路径系数的结果可知（见表 6-30），专利获取、专利保护、专利商业化与技术创新绩效中经济效益均具有显著的正相关关系，临界比值的绝对值大于 1.96，显著性概率 P<0.001，假设 H4a、H4c、H4e 成立。专利获取、专利商业化与技术创新绩效中社会效益具有显著的正相关关系，临界比值的绝对值大于 1.96，显著性概率 P<0.001，专利保护与社会效益在显著性概率 P<0.05 的水平下显著。因此，假设 H4b、H4d、H4f 成立，说明高新技术企业专利管理对其技术创新绩效具有正向影响。

表 6-30 专利管理与技术创新绩效模型的路径分析（N=363）

路径	路径系数	C.R.	P	路径	路径系数	C.R.	P
社会效益←专利商业化	0.303	4.711	***	经济效益←专利保护	0.311	5.062	***

续表

路 径	路径系数	C. R.	P	路 径	路径系数	C. R.	P
社会效益←专利获取	0.269	3.999	***	经济效益←专利获取	0.195	3.533	***
经济效益←专利商业化	0.376	6.955	***	社会效益←专利保护	0.219	2.991	**

注：***表示显著性水平 $P<0.001$；**表示显著性水平 $P<0.05$。

四、变量间效应分析

本部分是将前面的分模型进行综合考虑，包括三方面的变量。专利管理的专利获取（PA）、专利保护（PP）、专利商业化（PC）三个变量，持续创新能力的学习能力（LC）、资源配置能力（RC）、R&D 能力（RD）、制造能力（MC）、营销能力（MK）、制度能力（IC）六个变量与技术创新绩效的经济效益（EP）和社会效益（SP）两个变量。模型包括 10 个专利管理的观察变量和 20 个持续创新能力的观察变量及 7 个技术创新绩效的观察变量，每个观察变量各有一个误差变量，所以，模型共有 37 个观察变量的误差变量（e1～e37）和 8 个残差变量（z1～z8）。模型的整体情况如图 6-8 所示。

利用 AMOS7.0 软件对结构模型进行分析运算，初始模型运行结果如表 6-31 所示。χ^2 值为 1228.045（自由度 df = 559），χ^2/df 为 2.197，小于 3；RMSEA 为 0.057，小于 0.08；NFI 为 0.911，GFI 为 0.901，CFI 的值为 0.949，大于 0.9。从初始模型拟合效果来看，各项指标均在可接受的范围之内，模型拟合效果比较理想。

表 6-31 专利管理与技术创新绩效综合模型拟合结果（N=363）

	χ^2	χ^2/df	RMSEA	NFI	GFI	CFI
结果值	1228.045	2.197	0.057	0.911	0.901	0.949
参考范围	>0	<3	<0.08	>0.9	>0.9	>0.9

由结构模型路径系数结果可知（见表 6-32），专利获取与学习能力、制造能力的正相关关系在显著性概率 $P<0.05$ 水平下显著，专利获取与 R&D 能

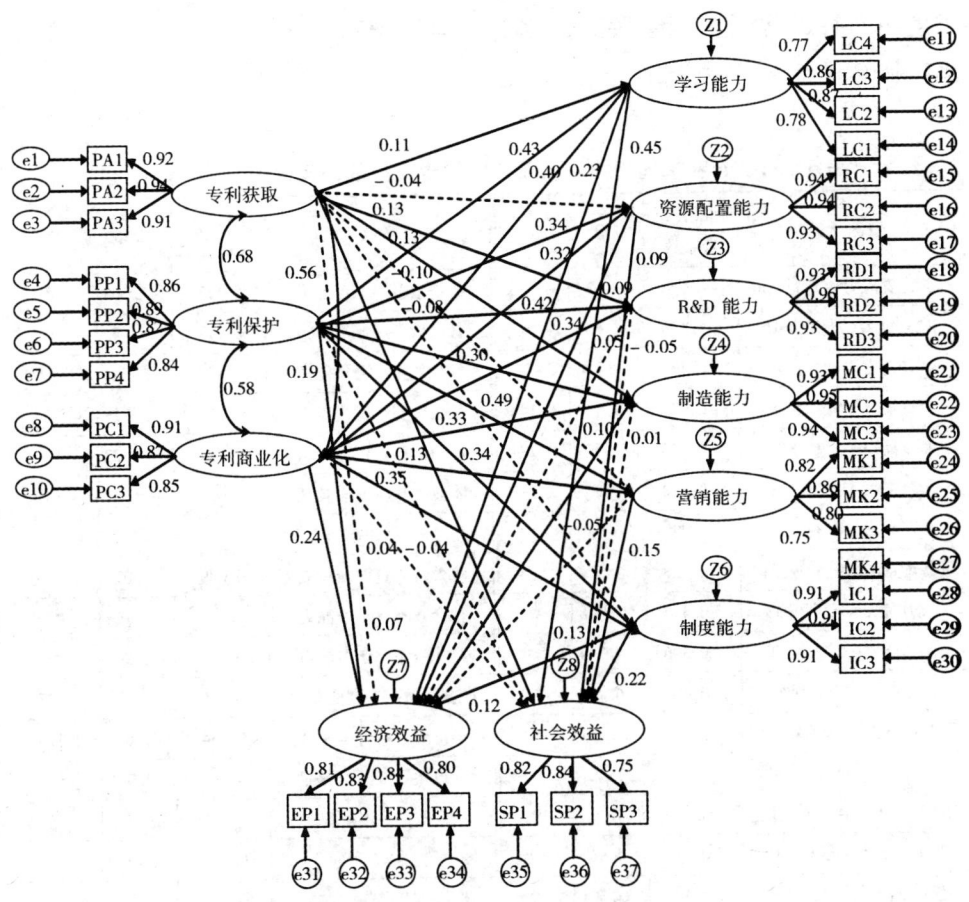

图 6-8 专利管理与技术创新绩效综合结构模型

力在显著性概率 P<0.1 水平下显著,因此,假设 H1a、H1c、H1d 成立。专利获取与资源配置能力、营销能力和制度能力是负相关,但并不显著,因此,假设 H1b、H1e、H1f 未获得支持。这一结果与专利管理—持续创新能力(PM—CIC)结构模型的结果存在一定的差异,也印证了前面的研究推论与解释:在考虑技术创新绩效的情况下,高新技术企业的专利获取与持续创新能力呈正相关关系,尤其在提升了其学习能力、制造能力和 R&D 能力后,以应用及商业化为目的的专利获取是有意义的。专利保护和持续创新能力中的六个维度之间均具有显著的正相关关系,因此,假设 H2a~H2f 成立,这一结果与 PM—CIC 模型的结果基本一致。专利商业化与持续创新能力中的六个

维度均具有显著的正相关关系，因此，假设 H3a ~ H3f 成立，这一结果与 PM—CIC 模型结果一致。

表 6-32　专利管理与技术创新绩效综合模型的路径分析（N=363）

路径	标准化路径系数	C.R.	P	路径	标准化路径系数	C.R	P
资源配置能力←专利获取	-0.044	-0.623	0.533	经济效益←制度能力	0.117	2.662	**
R&D 能力←专利获取	0.129	1.857	*	社会效益←制度能力	0.217	4.170	***
制造能力←专利获取	0.132	2.146	**	社会效益←营销能力	0.147	2.376	**
营销能力←专利获取	-0.099	-1.448	0.148	社会效益←制造能力	0.011	0.218	0.827
制度能力←专利获取	-0.076	-1.070	0.284	经济效益←制造能力	0.104	2.323	**
学习能力←专利获取	0.112	1.963	**	社会效益←R&D 能力	-0.050	-0.972	0.331
学习能力←专利保护	0.429	6.949	***	经济效益←R&D 能力	0.049	1.111	0.267
资源配置能力←专利保护	0.338	4.577	***	经济效益←资源配置能力	0.089	2.072	**
R&D 能力←专利保护	0.417	5.718	***	社会效益←学习能力	0.450	5.164	***
制造能力←专利保护	0.306	4.344	***	经济效益←学习能力	0.230	3.203	***
营销能力←专利保护	0.492	6.720	***	社会效益←专利商业化	0.036	0.431	0.667
制度能力←专利保护	0.343	4.621	***	经济效益←营销能力	-0.054	-1.015	0.310
学习能力←专利商业化	0.396	7.421	***	社会效益←资源配置能力	0.089	1.776	*
R&D 能力←专利商业化	0.339	5.393	***	社会效益←专利保护	-0.035	-0.362	0.717
资源配置能力←专利商业化	0.316	4.947	***	经济效益←专利商业化	0.244	3.372	***
营销能力←专利商业化	0.342	5.501	***	经济效益←专利保护	0.192	2.281	**
制造能力←专利商业化	0.331	5.395	***	经济效益←专利获取	0.067	1.230	0.219
制度能力←专利商业化	0.351	5.438	***	社会效益←专利获取	0.128	2.002	**

注：*** 表示显著性水平 P<0.001；** 表示显著性水平 P<0.05；* 表示显著性水平 P<0.1。

表 6-32 的结果显示，资源配置能力与技术创新绩效中的经济效益、社会效益分别在显著性概率 P<0.05、P<0.1 的水平下显著，而在持续创新能力—技术创新绩效（CIC—TIP）模型中它们之间的正相关关系均不显著，从表面上看得到了不同的结果。但从表 6-33 变量间的效应分解可以看出，资源配置能力与经济效益之间的总效应是 0.096，直接效应是 0.096，间接效应是 0；资源配置能力与社会效益之间的总效应是 0.094，直接效应是 0.094，间接效应是 0，但在综合模型中，资源配置能力与经济效益、社会效益分别

在显著性概率 P<0.05、P<0.1 的水平下呈正相关，说明资源配置能力促进企业技术创新绩效需要一定的前提条件。R&D 能力与社会效益的关系不显著，这与 CIC—TIP 模型中的结果是一致的，但 R&D 能力与经济效益的关系由分模型中的显著（P<0.05）变得不显著，从表 6-33 变量间的效应分解可以看出，R&D 能力与经济效益之间的总效应是 0.085，直接效应是 0.085，间接效应是 0，如果从变量间的直接效应和间接效应的角度进行分析，模型的结果之间仍然具有较高的一致性。学习能力、制造能力、营销能力和制度能力与技术创新绩效两个维度（经济效益、社会效益）的相关关系，与前面分模型的结果基本一致。

专利保护与技术创新绩效中的社会效益呈负相关关系，而在 PM—TIP 模型中，二者在 P<0.05 的显著水平下正相关，两个模型似乎得到了相反的结果。但从变量间的直接效应和间接效应的角度分析专利保护与社会效益的关系，可以进一步了解变量间的关系（见表 6-33）。由表 6-33 变量间的效应分解可以看出，专利保护与社会效益之间的总效应是 0.221 的正值，说明专利保护与技术创新绩效的社会效益之间是正向的影响关系，而直接效应是 -0.031，但二者间的间接效应 0.252 的正值。专利保护与社会效益之间的间接效应是通过持续创新能力维度得到的，这一结果说明了持续创新能力维度在企业专利保护与技术创新绩效中的作用。专利商业化与技术创新绩效中社会效益的正相关关系不显著，但在 PM—TIP 模型中，二者是显著正相关，两个模型似乎得到了相反的结果。但从变量间的直接效应和间接效应的角度分析专利商业化与社会效益的关系，可以进一步了解变量间的关系。专利商业化与社会效益之间的总效应是 0.327，说明专利商业化与技术创新绩效的社会效益之间是正向的影响关系，而直接效应是 0.037，但二者间的间接效应是 0.290。专利商业化与社会效益之间的间接效应是通过持续创新能力维度得到的，这一结果说明持续创新能力维度在企业专利商业化与技术创新绩效中发挥的重要作用。

表6-33 专利管理-持续创新能力-技术创新绩效变量间效应分解

	PC	PP	PA	IC	MK	MC	RD	RC	LC	SP	EP
总效应											
IC	0.310	0.214	0.052	0.000	0.000	0.000	0.000	0.000	0.000	0.000	0.000
MK	0.316	0.369	0.021	0.000	0.000	0.000	0.000	0.000	0.000	0.000	0.000
MC	0.297	0.169	0.194	0.000	0.000	0.000	0.000	0.000	0.000	0.000	0.000
RD	0.297	0.296	0.006	0.000	0.000	0.000	0.000	0.000	0.000	0.000	0.000
RC	0.275	0.234	0.077	0.000	0.000	0.000	0.000	0.000	0.000	0.000	0.000
LC	0.372	0.328	0.219	0.000	0.000	0.000	0.000	0.000	0.000	0.000	0.000
SP	0.327	0.221	0.243	0.200	0.146	0.021	-0.061	0.094	0.451	0.000	0.000
EP	0.410	0.304	0.192	0.128	-0.035	0.096	0.085	0.096	0.257	0.000	0.000
直接效应											
IC	0.310	0.214	0.052	0.000	0.000	0.000	0.000	0.000	0.000	0.000	0.000
MK	0.316	0.369	0.021	0.000	0.000	0.000	0.000	0.000	0.000	0.000	0.000
MC	0.297	0.169	0.194	0.000	0.000	0.000	0.000	0.000	0.000	0.000	0.000
RD	0.297	0.296	0.006	0.000	0.000	0.000	0.000	0.000	0.000	0.000	0.000
RC	0.275	0.234	0.077	0.000	0.000	0.000	0.000	0.000	0.000	0.000	0.000
LC	0.372	0.328	0.219	0.000	0.000	0.000	0.000	0.000	0.000	0.000	0.000
SP	0.037	-0.031	0.119	0.200	0.146	0.021	-0.061	0.094	0.451	0.000	0.000
EP	0.205	0.141	0.103	0.128	-0.035	0.096	0.085	0.096	0.257	0.000	0.000
间接效应											
IC	0.000	0.000	0.000	0.000	0.000	0.000	0.000	0.000	0.000	0.000	0.000
MK	0.000	0.000	0.000	0.000	0.000	0.000	0.000	0.000	0.000	0.000	0.000
MC	0.000	0.000	0.000	0.000	0.000	0.000	0.000	0.000	0.000	0.000	0.000
RD	0.000	0.000	0.000	0.000	0.000	0.000	0.000	0.000	0.000	0.000	0.000
RC	0.000	0.000	0.000	0.000	0.000	0.000	0.000	0.000	0.000	0.000	0.000
LC	0.000	0.000	0.000	0.000	0.000	0.000	0.000	0.000	0.000	0.000	0.000
SP	0.290	0.252	0.123	0.000	0.000	0.000	0.000	0.000	0.000	0.000	0.000
EP	0.204	0.163	0.089	0.000	0.000	0.000	0.000	0.000	0.000	0.000	0.000

五、技术锁定的调节效应

在前面的章节中,本书从理论上探讨了技术锁定产生的原因及对高新技术企业技术创新绩效产生的影响,技术锁定会影响专利管理与技术创新绩效之间的关系。因此,在文献分析及实地访谈的基础上,本书提出技术锁定在专利管理与技术创新绩效之间具有调节作用。本书采用层级回归方法检验技术锁定的调节效应,具体分析结果如表6-34所示。

表6-34 层级回归分析结果

因变量	经济效益				社会效益			
	模型1	模型2	模型3	模型4	模型5	模型6	模型7	模型8
控制变量								
C1	-0.218***	-0.121**	-0.116**	-0.128**	-0.020	0.068	0.072	0.062
C2	0.112*	-0.017	-0.066	-0.054	0.052	-0.071	-0.112**	-0.097**
C3	-0.055	-0.071*	-0.033	-0.037	-0.106**	-0.124**	-0.091**	-0.093**
C4	0.079	0.042	0.094**	0.083**	0.071	0.032	0.077	0.074
自变量								
PA		0.243***	0.122**	0.126**		0.285***	0.182**	0.177**
PP		0.189***	0.129**	0.132**		0.133**	0.082	0.084
PC		0.329***	0.204***	0.192***		0.316***	0.208***	0.210***
TL			0.429***	0.416***			0.368***	0.346***
交互项								
PA×TL				-0.086**				-0.152**
PP×TL				-0.143**				-0.224***
PC×TL				-0.205***				-0.266***
R^2	0.128	0.524	0.629	0.635	0.031	0.403	0.480	0.488
Adjusted R^2	0.118	0.515	0.621	0.623	0.021	0.391	0.469	0.472
F值	13.158***	55.907**	75.114***	55.432***	2.897**	34.250***	40.897***	30.364***

注:***表示$P<0.001$,**表示$P<0.05$,*表示$P<0.10$。

由于技术创新绩效包括经济效益和社会效益两个变量,因此,层级回归中的因变量分别为经济效益和社会效益,根据控制变量、自变量、调节变量和交互项进入回归方程的顺序,共存在 8 个回归模型。具体分析步骤如下:

首先,检验控制变量对因变量经济效益、社会效益的作用。模型 1 的分析结果显示,企业规模(C1)、R&D 人员占总员工数的比例(C2)分别在显著性概率 $P<0.001$、$P<0.1$ 的水平下显著,但 Adjusted R^2 的值为 0.118,其解释效力比较低。同时也说明 C1、C2 对高新技术企业的经济效益具有一定的影响。模型 5 的分析结果显示,行业领域(C3)在显著性概率 $P<0.05$ 水平下显著,但 Adjusted R^2 的值为 0.021,其解释效力可以忽略不计。这一结果同时说明,行业领域对高新技术企业的社会效益具有一定的影响。

其次,检验自变量专利获取(PA)、专利保护(PP)和专利商业化(PC)的作用。模型 2 的 Adjusted R^2 结果显示,PA、PP 和 PC 的回归系数均在 $P<0.001$ 的水平下显著。通过模型 1 和模型 2 的比较可以看出,Adjusted R^2 的值从 0.118 上升到 0.515,模型的解释效力得到了很大程度的提升。模型 6 的 Adjusted R^2 结果显示,PA、PC 的回归系数在 $P<0.001$ 的水平下显著,而 PP 的回归系数在 $P<0.05$ 的水平下显著。通过模型 5 和模型 6 的比较可以看出,Adjusted R^2 的值从 0.021 上升到 0.391,模型的解释效力得到了很大程度的提升。

再次,加入调节变量,即在模型 2、模型 6 的基础上引入技术锁定(TL)调节变量。为了避免回归中的多重共线性等问题,本书对潜变量进行中心化处理。模型 3 和模型 7 的结果显示,TL 的回归系数均在 $P<0.001$ 的水平下显著。通过模型 2 与模型 3、模型 6 与模型 7 的比较可以看出,Adjusted R^2 的值分别从 0.515 上升到 0.621、0.391 上升到 0.469,模型的解释力得到了一定程度的提升。

最后,本书分析调节回归模型,即在模型 3、模型 7 的基础上引入调节变量 TL 与自变量 PA、PP、PC 的交互项。模型 4 的结果显示,PA、PP、PC 与 TL 的交互项分别在 $P<0.05$、$P<0.001$ 的水平上显著,假设 H7a、H7b、H7c 得到支持。模型 8 的结果显示,PA、PP、PC 与 TL 的交互项分别在 $P<0.05$、$P<0.001$ 的水平上显著,假设 H7d、H7e、H7f 得到支持。

第六节 结果分析与讨论

通过对前面各个模型的实证分析,本书有效地检验了研究中所提出的理论模型和研究假设。通过对多个模型间的对比分析,本书深入剖析了高新技术企业专利管理与技术创新绩效之间的关联关系,并揭示了技术锁定在专利管理与技术创新绩效关系中的调节效应。实证研究结果汇总如表6-35所示,下面将结合实证研究的结果对假设的检验情况及研究结论进行讨论。

表6-35 理论假设检验结果

假设	内容	实证结果
H1a	专利获取对高新技术企业的学习能力具有正向影响	支持
H1b	专利获取对高新技术企业的资源配置能力具有正向影响	不支持
H1c	专利获取对高新技术企业的R&D能力具有正向影响	支持
H1d	专利获取对高新技术企业的制造能力具有正向影响	支持
H1e	专利获取对高新技术企业的营销能力具有正向影响	不支持
H1f	专利获取对高新技术企业的制度能力具有正向影响	不支持
H2a	专利保护对高新技术企业的学习能力具有正向影响	支持
H2b	专利保护对高新技术企业的资源配置能力具有正向影响	支持
H2c	专利保护对高新技术企业的R&D能力具有正向影响	支持
H2d	专利保护对高新技术企业的制造能力具有正向影响	支持
H2e	专利保护对高新技术企业的营销能力具有正向影响	支持
H2f	专利保护对高新技术企业的制度能力具有正向影响	支持
H3a	专利商业化对高新技术企业的学习能力具有正向影响	支持
H3b	专利商业化对高新技术企业的资源配置能力具有正向影响	支持
H3c	专利商业化对高新技术企业的R&D能力具有正向影响	支持
H3d	专利商业化对高新技术企业的制造能力具有正向影响	支持
H3e	专利商业化对高新技术企业的营销能力具有正向影响	支持
H3f	专利商业化对高新技术企业的制度能力具有正向影响	支持

续表

假设	内　容	实证结果
H4a	专利获取对高新技术企业的经济效益具有正向影响	不支持
H4b	专利获取对高新技术企业的社会效益具有正向影响	支持
H4c	专利保护对高新技术企业的经济效益具有正向影响	支持
H4d	专利保护对高新技术企业的社会效益具有正向影响	不支持
H4e	专利商业化对高新技术企业的经济效益具有正向影响	支持
H4f	专利商业化对高新技术企业的社会效益具有正向影响	不支持
H5a	学习能力对高新技术企业的经济效益具有正向影响	支持
H5b	资源配置能力对高新技术企业的经济效益具有正向影响	支持
H5c	R&D能力对高新技术企业的经济效益具有正向影响	不支持
H5d	制造能力对高新技术企业的经济效益具有正向影响	支持
H5e	营销能力对高新技术企业的经济效益具有正向影响	不支持
H5f	制度能力对高新技术企业的经济效益具有正向影响	支持
H6a	学习能力对高新技术企业的社会效益具有正向影响	支持
H6b	资源配置能力对高新技术企业的社会效益具有正向影响	支持
H6c	R&D能力对高新技术企业的社会效益具有正向影响	不支持
H6d	制造能力对高新技术企业的社会效益具有正向影响	不支持
H6e	营销能力对高新技术企业的社会效益具有正向影响	支持
H6f	制度能力对高新技术企业的社会效益具有正向影响	支持
H7a	技术锁定对专利获取与经济效益之间的关系具有调节作用	支持
H7b	技术锁定对专利保护与经济效益之间的关系具有调节作用	支持
H7c	技术锁定对专利商业化与经济绩效之间的关系具有调节作用	支持
H7d	技术锁定对专利获取与社会效益之间的关系具有调节作用	支持
H7e	技术锁定对专利保护与社会效益之间的关系具有调节作用	支持
H7f	技术锁定对专利商业化与社会绩效之间的关系具有调节作用	支持

一、专利管理与技术创新绩效的关联机理

从实证结果来看，单纯考虑专利管理与技术创新绩效的关联关系，专利管理对技术创新绩效具有显著的影响，二者之间的关联表现为全面关联。除

专利保护对社会效益的影响在显著性概率 $P<0.05$ 水平下显著,专利获取、专利商业化均在显著性概率 $P<0.001$ 水平下显著,而专利获取、专利保护和专利商业化均对经济效益具有显著性影响。以上结果说明,高新技术企业提升专利管理水平,能够有效地促进其技术创新绩效,专利管理对高新技术企业技术创新绩效具有直接正向影响。

从持续创新的角度综合考虑专利管理与技术创新绩效的关联机理时,二者之间的关联表现为部分关联,即专利获取对社会效益具有显著的正向影响,对经济效益的正向影响不显著;专利保护和专利商业化对经济效益具有显著的正向影响,对社会效益的正向影响不显著。这一结果表明,高新技术企业在专利获取方面应该摒弃"重数量、轻质量"的观念,专利数量只能在一定程度上说明企业的技术创新能力和知识产权意识,并不必然意味着良好的经济效益。

高新技术企业不能为获取专利而获取专利,企业应该有规划、有目的地去获取专利;高新技术企业作为个体对其创新成果实施专利保护,使企业在一定时期内处于垄断地位,不利于技术的社会扩散与相关技术的研发,最终将会不利于社会的整体技术进步;Aghion 和 Howitt(1992)等认为,加强专利保护在某些情况下反而会减缓技术进步的整体步伐。而目前我国高新技术企业的专利商业化主要是经济效益导向的,商业化过程中存在短视行为,对环境、环保的重视程度不够,并且很少关注该商业化的专利技术对社会相关技术或产品的带动作用,导致专利商业化对社会效益的影响不显著。

综上,开放式创新环境下,高新技术企业专利管理与技术创新绩效的关联机理是:在专利管理与技术创新绩效的直接关联模型中,专利管理各环节对技术创新绩效均具有显著的正向影响,二者之间表现为全面关联;在考虑持续发展的专利管理与技术创新绩效综合模型中,专利管理通过影响持续创新能力,进而影响技术创新绩效,二者之间表现为部分关联。

二、高新技术企业应谨慎对待专利获取

不以提升企业经济效益和社会效益为目的的专利获取,是没有任何意义

的。为获取专利而获取专利的行为不能产生任何经济效益和社会效益，反而是对企业和社会资源的浪费。企业以何种办法或何种渠道获取专利并不重要，关键是拥有核心、自主专利，并将拥有的专利进行商业转化，才能提升企业技术创新绩效。从实证研究结果也可以看出，专利获取对高新技术企业的学习能力（$P<0.05$）、制造能力（$P<0.05$）、R&D能力（$P<0.1$）有显著正向影响。研究结果表明，开放式创新条件下，企业的专利获取能够提升企业的学习能力，增加企业信息来源的渠道，专利获取为企业的学习提供了机会；企业获得专利能够满足自身的生产需要，在生产制造过程中使用专利技术，尤其是工艺创新专利技术，更能提高企业的制造效率或节约制造成本；专利获取是企业进行R&D的技术投入和支撑，为R&D能力的提升奠定技术基础。

但是，专利获取对企业的资源配置能力、营销能力、制度能力没有显著影响，企业获取专利后，需要分配相关的人力、物力进行管理，交纳专利维持费用，并需要密切关注专利的法律状态和市场状态，维护专利的有效性及预防专利侵权事件的发生。通常情况下，包含专利技术的产品或服务表现出高技术的特征，在产品性能或使用方面具有专业性，这就要求企业对营销人员进行专业培训，为客户提供直接的咨询和服务。与此同时，企业还需要考虑高新技术企业的规章制度是否与目前的管理现状相适应等。因此，企业的专利获取对其资源配置能力、营销能力和制度能力是一项挑战，专利获取对这三项能力的正向影响并不显著。由此可以看出，高新技术企业作为营利性组织，对专利的申请或转让应保持高度谨慎态度，以避免不必要的人力、物力、财力等资源的浪费。高新技术企业需要根据自身的实际情况，进行专利的获取。同时，高新技术企业需要对所拥有的专利进行有效管理，制定切实可行的专利战略能够增强企业的持续创新能力，并进而提升企业技术创新绩效。

三、专利保护和专利商业化显著影响企业持续创新能力

作为宏观层面的专利保护，一直存在诸多争议，废除专利制度的呼声从未间断。但是负面的声音只是提出专利制度的不利影响，却很难提出更好的、

更可行的替代办法。在更好的替代办法出来之前,专利制度的存在有其必要性。最早出现专利制度的国家荷兰曾经废除过专利制度,但后来又恢复该制度,说明专利制度在现阶段的存在是不可争议的事实。专利制度的存废不是作为微观主体的企业应该考虑的事情,面对这一既成事实,高新技术企业的态度应该是积极面对,并考虑如何充分利用该项制度使自身利益最大化。

本书实证结果表明,微观层面的专利保护对企业持续创新能力的提升具有积极意义。专利保护对持续创新能力中的六个维度均具有显著的正向影响,且在显著性概率 $P<0.001$ 水平下显著。这说明企业专利保护行为能够对内部产生较大的激励作用,有利于提高研发人员的积极性和创造性,也使企业的市场营销免遭外部的专利壁垒,有利于提高营销能力。高新技术企业进行的专利保护是持续创新能力的法律保障,有利于提升企业的资源配置能力、激发企业的学习与技术创新能力、保护研发成果、维护市场地位、完善制度规划。

由实证研究结果可知,专利商业化显著影响企业的持续创新能力。专利商业化对持续创新能力的六个维度均具有正向影响,且在显著性概率 $P<0.001$ 水平下显著。专利商业化是高新技术企业生产经营的目的,是企业赚取市场利润的主要途径,是企业提升持续创新能力的源泉与动力,是企业进入良性循环发展的关键。专利商业化能够回收高新技术企业前期研发投入的成本,然后,企业利用回笼资金进行下一阶段的研发投入和员工的培训支出。因此,专利商业化会显著影响企业的R&D能力和学习能力。有了充足的资金作为保证,企业就能够提高资源配置能力,招募专业人才,创造良好的用人环境,制定完善的规章制度,留住人才,企业的营销能力、制造能力和制度能力也会得到提高。

四、持续创新能力各维度对技术创新绩效的影响不同

从实证研究结果可知,学习能力对技术创新绩效中的经济效益和社会效益均具有显著正向影响($P<0.001$),这一结果与分模型中的检验结果是一致的。这说明现代企业尤其是高新技术企业应该将自身打造成为学习型组织,

只有不断地学习，才能促进持续创新，获得良好的技术创新绩效。制度能力对技术创新绩效的经济效益和社会效益均具有显著影响，分别在显著性概率 $P<0.05$、$P<0.001$ 的水平下显著。在分模型中，制度能力与技术创新绩效中的经济效益和社会效益也具有显著影响，分别在显著性概率 $P<0.1$、$P<0.05$ 水平下显著。这说明在高新技术企业内部建立健全相关制度建设，能够提升技术创新绩效，尤其结合了对专利等无形资产的管理后，制度能力的积极作用更加显著。

资源配置能力在分模型中对技术创新绩效的影响不显著，但是在综合模型中，资源配置能力对技术创新绩效中经济效益、社会效益的影响是显著的，分别在显著性概率 $P<0.05$、$P<0.1$ 的水平下显著。这说明高新技术企业资源配置能力显著作用的发挥是需要一定前提条件的。在开放式创新条件下，企业可以利用的内外部资源相对来说是非常丰富的，但并非所有的资源都可以为企业所用，企业的资源配置应该是有对象、有目标的。Laursen 和 Salter（2006）、陈钰芬和陈劲（2008）都研究了企业的开放度问题，认为企业的开放度并非越大越好，尤其是从开放的广度方面来讲，适度开放才是有益的。因此，企业的资源配置应该有的放矢，集中优质资源做主营业务，提升技术创新绩效。在开放式创新环境下，高新技术企业面临的内外部环境更加复杂，持续创新对企业的资源配置能力要求较高，高新技术企业需要具备灵活应对内外部环境变化的能力，以持续创新为目标的资源配置能力是一项复杂而艰巨的长期任务，尤其是与外部主体的合作，将面临较大的风险与不确定性。因此，基于持续创新的资源配置能力对当期的技术创新绩效很难产生现时的显著影响。

R&D 能力对高新技术企业经济效益、社会效益的影响均不显著，这一结果与分模型的结果存在一定差异。在分模型中，R&D 能力对经济效益具有显著影响（$P<0.05$），这说明高新技术企业的 R&D 能力能够促进经济效益的提升。但在考虑专利管理变量因素后，R&D 能力对经济效益的影响变得不显著，表明高新技术企业专利管理的对象并非都是通过自身进行的 R&D 获得的。在开放式创新环境下，内部 R&D 并不是企业获取专利的唯一途径，获取专利的公司也可能不是生产研发型企业，如目前日益兴起的

专利经营公司（袁晓东等，2010）。高新技术企业的 R&D 能力并不能成为企业获取经济效益的直接源泉，R&D 技术转化为产品还需要制造、营销等其他环节的配合。实证结果表明，R&D 能力对社会效益产生负影响，但并不显著。这说明高新技术企业在研发中较少关注社会效益，其研发是以经济效益为导向的。高新技术企业作为营利性组织，以经济效益作为研发导向并没有错，但是企业要想获得长远发展，必须兼顾社会效益，社会效益是企业实现长远发展的根基。

制造能力与技术创新绩效中的经济效益具有正相关关系，在显著性概率 $P<0.05$ 水平下显著，但制造能力对技术创新绩效中的社会效益没有显著影响，这一结果与分模型的结果完全一致。这说明高新技术企业的专利技术经过制造环节，能够提供满足市场需求的产品或服务，从而获取市场回报。因此，制造能力确实会对企业的经济效益产生显著影响，并提高企业的盈利能力。但高新技术企业的制造能力对社会效益没有显著影响，因为制造环节处于价值链的低端，不利于企业核心竞争力的形成，仅仅依靠企业的制造能力，难以促进社会技术的进步。作为社会经济发展的主力军，高新技术企业应该引领前沿技术的发展，以发挥更大的社会价值。企业应该关注产品创新的模糊前端，而非制造环节，在技术上与跨国公司进行竞争，占据价值链的中高端，形成自身竞争优势。只有这样，才能够从根本上提升高新技术企业的竞争能力，占领更多的国际市场份额。从目前来看，我国高新技术企业的制造能力不能对社会效益产生显著影响，这在某种程度上解释了我国现阶段是"制造大国"而非"创造大国"的原因。我国高新技术企业应该更多地借鉴美、日等发达国家在发展高新技术企业方面的经验，在建设创新型国家的进程中，提升企业的持续创新能力，响应建设创新型国家的号召。

营销能力与技术创新绩效中的社会效益呈显著正相关，在显著性概率 $P<0.05$ 水平下显著，这一结果与分模型中结果是一致的。营销能力与经济效益呈负相关，但并不显著，这一结果与分模型中的结果有些差异。差异产生的原因已在本章第四节的变量效应关系中进行了解释，这里主要对结果进行解释。通常认为，高新技术企业的营销能力会与其经济效益具有正相关关系，这也是本书假设的来源。实证研究结果却显示二者之间没有显著相关，

对这一结果的解释需要基于持续创新能力的特定情境。一个解释是，企业通过加强营销能力促进经济效益是一种短视行为，无论对于高新技术企业中的研发型企业，还是高新技术企业中的制造型企业而言，营销均处于产品生产过程的末端，通过营销能力促进经济效益是短期行为，高新技术企业难以从基于短期行为的营销能力中长期获益。另一个可能的解释则是，高新技术企业的高科技产品营销不同于传统产品的营销，其产品技术含量高、专业性强，而高新技术企业的营销人员可能不具备相应的技术知识，不具备新产品宣传能力，不能很好地进行产品或服务的营销与宣传，这也是高新技术企业营销能力与经济效益没有显著关系的原因。

五、技术锁定的调节效应明显

从调节模型的标准化回归系数可以看出，技术锁定会改变专利管理与技术创新绩效之间的关系。专利获取、专利保护、专利商业化与技术锁定调节变量的交互项对高新技术企业的经济效益、社会效益均具有显著影响，技术锁定调节作用的假设得到支持。回归系数均为负，说明企业技术锁定程度越高，专利管理与技术创新绩效的关系越弱。对于现阶段的中国高新技术企业而言，企业面临的技术锁定主要是"自我锁定"和"被锁定"情形，一旦遭遇这种情况下的技术锁定，会导致企业专利管理与技术创新绩效的正相关关系弱化。技术锁定调节效应的成立，证实了本书前面章节关于技术锁定的理论分析，所以，高新技术企业在专利管理与技术创新过程中应该密切关注可能产生的技术锁定现象。虽然与标准相关联的技术锁定在一定时期内有益于企业的经济效益，但学者们的研究结论大多认为技术锁定是"低技术锁定"。因此，从长远来看，技术锁定影响整个社会的技术进步，反过来也会影响企业经济效益的提升。所以，高新技术企业应该保持警惕性，提高现有技术的应变性和灵活性。

第六章 企业专利管理与技术创新绩效关联的实证研究

本章小结

  本章在第五章提出的专利管理与技术创新绩效关联概念模型与研究假设的基础上，以问卷调查的方式对高新技术企业进行了调查研究。通过调查问卷收集的数据，运用统计分析软件，对测量模型、结构模型进行了探索性因子分析、信度分析、验证性因子分析及效度分析、结构方程建模、层级回归分析等方法，实证检验数据与理论模型的拟合。本书检验结果表明，数据与模型的拟合优良，通过模型间的对比及结果分析，对理论模型和研究假设进行了有效的检验，深入探讨了专利管理与技术创新绩效的关联机理。同时，本章还探讨了持续创新能力、技术锁定对二者关联的影响，验证了技术锁定的调节效应。

  从整体的实证结果来看，本书中所提出的大部分变量之间的假设关系得到实证调研数据的支持，充分证明了本书研究构思的科学性。对于未获支持的变量关系，根据高新技术企业的现实情况和理论研究，本书也给予了合理的解释。同时，实证研究也证实了专利管理与技术创新绩效之间的关联关系，并通过实证研究结果，总结归纳出二者之间的关联机理：在专利管理与技术创新绩效的直接关联模型中，专利管理与技术创新绩效之间表现为全面关联；在考虑持续发展的专利管理与技术创新绩效综合模型中，专利管理通过影响持续创新能力，进而影响技术创新绩效，二者之间表现为部分关联；技术锁定在专利管理与技术创新绩效之间具有负向调节效应。

第七章　企业专利管理与技术创新绩效关联机理的启示及建议

通过理论分析及实证研究，笔者与读者基本可以形成这样的共识：专利管理与技术创新绩效之间具有关联关系，专利管理是高新技术企业提升技术创新绩效的途径之一。在开放式创新环境下，专利更多地表现为企业的创新资源投入，因此，基于资源观的视角理解专利在高新技术企业的地位，具有重要的理论价值和现实意义。在管理方面，首先要对专利进行恰当的定位，其次应对专利进行有效的管理。专利不同于设备、厂房等有形资产，专利的知识性和传播性强，其所有权是通过一定的法律程序予以确认的，因此专利管理有其特殊性。本书基于资源观的视角，结合开放式创新环境，从动态流程的角度研究高新技术企业专利管理与技术创新绩效之间的关联关系，促进二者之间的有效关联。本书的研究可以带给我国高新技术企业四个方面的启示：理性的专利获取；全面的专利保护；积极的专利商业化；尽力突破技术锁定（"自我锁定"与"被锁定"）。通过上述启示，笔者提出优化高新技术企业专利管理与技术创新绩效关联的对策建议。

第一节　理性的专利获取

专利制度从其产生到现在一直饱受争议，学界、政界、商界及其内部对专利制度的存废也是百家争鸣。Jaffe 和 Lerner（2004）在《创新及其不满：专利体系对创新与进步的危害及对策》中指出，美国的专利系统在美国发展的车轮中已经变成了沙子，而不是润滑剂。专利灌丛（Patent Thicket）和专利钓饵（Patent Troll）等现象的存在，更是把专利制度的存废推向了风口浪尖，人们甚至认为专利制度的存在已经偏离了设立的初衷，专利已经成为企业进行市场竞争、打击竞争对手的一种战略性工具。本书无意探讨专利制度的优劣存废，但是专利已经成为企业进行市场竞争的战略性工具，这是不争的事实。面对这一现实，中国的高新技术企业如何应对，以避免专利成为企业生产经营中的"短板"，并通过有效的专利管理提升企业技术创新绩效，这是本书的初衷。

专利作为无形资产已成为企业生产经营中不可或缺的资源，专利的作用不仅仅是防御性手段，其在国际竞争中的作用开始变得多样化。正是意识到专利的重要性，我国在2008年颁布并实施《国家知识产权战略纲要》，把知识产权提升到了国家战略的高度。在知识产权战略纲要的指引下，2010年国家知识产权局制定了《全国专利事业发展战略（2011~2020年）》，明确指出，企业是专利创造与运用的主体，进一步提升企业运用专利制度的能力，从政策上引导企业以市场分析和专利分析为依据，制定适合自身发展特点的企业专利战略，鼓励和支持企业进行海外专利布局；同时引导创新要素、专利资源向企业集聚和转移，鼓励企业联合构筑专利联盟；鼓励和支持企业将我国优势领域拥有专利权的核心技术和关键技术上升为国家标准和国际标准。高新技术企业作为我国企业的重要组成部分，其认定条件在2008年发生了变化，新认定的高新技术企业需要对其主要产品（服务）的核心技术拥有自主知识产权，之前认定的高新技术企业也需要根据条件重新认定。这说明2008年以后认定的高新技术企业均拥有自主知识产权。由于我国大部分高新技术企业处于制造业领域，专利成为企业知识产权的主要表现形式。意识到专利的重要性，高新技术企业还需要对专利进行恰当的定位。专利作为企业的一种生产经营性资源，具有自身特性，但专利并非深不可测，也不是企业经营中的万能药。因此，企业需要理性看待专利获取。

首先，拓展专利获取渠道。在开放式创新环境下，高新技术企业的专利获取渠道是多样的，包括许可、转让、合作研发、内部研发等，企业可根据自身条件同时采用一种或多种专利获取方式，并积极拓展更多的专利获取方

第七章 企业专利管理与技术创新绩效关联机理的启示及建议

式。但目前我国高新技术企业的专利获取方式相对单一,主要通过内部研发的方式获取专利,然后是合作研发,说明我国高新技术企业在专利获取方面的态度还不够开放。企业应该以积极、开放的态度,充分利用内外部的资源与条件,以最优的方式获取企业所需专利。多元化的专利获取方式能够扩展企业的信息来源渠道,同时增加高新技术企业与外部伙伴的学习合作机会,外部获取对企业来说是一个相互学习的机会与过程。同时,高新技术企业外部渠道的专利搜寻,有利于企业关注到竞争对手的专利动向,并及时制定应对措施,以形成并维护企业自身的优势地位。

其次,积极组建或加入专利联盟。专利联盟是多个专利拥有者为了能够分享彼此专利技术或者统一对外进行专利许可而形成的一个正式或非正式的联盟组织(Lerner et al.,2004;Shapiro,2001),专利联盟对联盟内部的专利进行打包实现"一站式许可",能够降低许可成本,提高交易的效率。同时,专利联盟是解决专利丛林问题的有效途径(Merges,1999;Priest,1977;Shapiro,2000;刘林青等,2006)。在国外大型跨国公司热衷于组建专利联盟的市场环境下,我国高新技术企业也需要采取措施积极应对,以免遭受类似DVD3C、6C的专利收费。为对抗国外的专利联盟,我国高新技术企业应该提升自身的技术创新能力,利用自身拥有的专利技术,积极加入或组建专利联盟,提高在国际中的话语权。我国目前建立专利联盟的企业主要集中在信息产业领域,包括AVS专利联盟、闪联专利联盟和中彩联专利联盟,但这些专利联盟的运作方式远未成熟。因此,在专利联盟的组建与运行方面,我国企业需要学习并借鉴国外运行成熟的专利联盟的经验。

再次,谨慎、理性对待专利获取。本书的实证研究结果揭示了我国高新技术企业在专利获取方面的现状:重数量,轻质量(郎咸平,2006)。高新技术企业应该有目的、有规划地获取专利,并考虑企业的专利布局,不能盲目申请专利。如果申请的专利不能为企业带来经济效益和社会效益,就是对企业、社会资源的浪费。企业的专利管理是对企业有战略价值的专利进行管理,不是对所有获取的专利都进行管理,如果企业不分主次轻重地对其拥有的所有专利进行一视同仁的管理,这是对企业资源配置能力的消耗。高新技术企业还需要关注专利获取后的激励及利益分配问题,避免"NIH现象"的产生，以维护企业员工的研发激情。高新技术企业还应该对其营销人员进行新技术产品相关知识的培训，重视营销人员的技术背景，加强营销人员新技术产品的宣传能力，提高新产品的技术知识，以利于营销人员与用户进行有效的沟通。高新技术企业在制定了专利研发流程、专利获取相关制度的基础上，还要提高制度的可操作性与相关人员的执行能力。

最后，关注先进、前沿知识的不同信息来源渠道。高新技术企业中的新兴技术如生物技术、互联网、纳米技术等都处于发展的初级阶段，由于技术多处于成长期，相对来说专利的授予数量比较少。但是，关于该领域的很多前沿知识已经出现在学术期刊、会议论文、商业或其他非技术期刊、用户手册或计算机程序中，并以非专利的形式出现。Sternitzke（2010）研究美国制药行业发现，每种药物的出现至少伴随19篇期刊文章和23个专利。这就要求此类高新技术企业应密切关注不同渠道的信息来源，信息的收集、检索方式应该多样化。高新技术企业可以充分利用这些外部知识，提高研发效率并节约专利获取的成本。

第二节　全面的专利保护

专利是政府授予发明者或所有者的权利，可以防止其他企业或个人制造、销售或使用该授权专利的产品或工艺。专利可以保护蕴含于产品或制造工艺中的创新，为企业的技术市场建立一道天然的法律保护屏障，从而使企业能够以较高的价格出售商品或实现较高的边际收益（Schroeder，2007）。在同一地域内竞争的高新技术企业，其面临的外部专利法律环境是相同的。高新技术企业获取的专利在一定时间、地域内受到法律制度的保护，能够保障企业的获利能力。本书所指的专利保护是微观企业层面的保护，是高新技术企业为了充分发挥其内部拥有专利的经济价值、保障专利有效性与有用性而进行的与专利保护相关的一系列活动的总称，包括专利申请、专利相关规章制度的制定、实施、专利风险评估与预测、缴纳专利维持年费等。高新技术企业需要通过技术创新或外部渠道有目的、有规划地获取专利，进行合理布局，并实施全面的专利保护。高新技术企业进行专利保护首先表现为通过专利建立"隔离机制"（Isolating Mechanism），阻断来自竞争对手的侵权风险（Rumelt, 1984）；其次才是利用专利的进攻功能。这体现在企业战略性地运用专利来封锁竞争对手申请专利，打击竞争对手（Blind et al., 2006）。专利保护的最终目的是在高新技术企业形成进可攻、退可守的态势。高新技术企业对其拥有的专利进行全面保护，需要做到以下几点：

第一，意识到企业层面专利保护的重要性。专利保护是维持高新技术企业专利有效性的重要前提，同时可维护企业的市场地位。企业的专利保护既可以使高新技术企业技术产品免遭侵权，也可以避免企业侵犯他人的专利权，减少不必要的侵权诉讼，而高新技术企业的专利保护可以为其新市场的开拓保驾护航。对于具备条件的高新技术企业而言，可以在组织结构中设立专门的知识产权或专利职能部门，聘请专职的专利工程师和专利管理人员负责与企业相关的知识产权保护工作。良好的专利保护水平，可以从整体上提升高新技术企业的持续创新能力，尤其为企业的学习能力、R&D 能力和营销能力提供良好的内外部保护环境，同时也对企业的资源配置能力、制造能力和制度能力有显著影响。由此可知，高新技术企业持续创新能力的提升，离不开其为专利保护提供的保障。

第二，进行专利风险评估及规避。高新技术企业进行技术研发和技术产品化的风险较高，而专利是由法律确认的权利，位于高新技术企业风险的中心。企业首先需要识别专利风险的类型、来源，然后建立合理的风险评价指标，对专利风险进行评估，最后针对不同的专利风险采取应对措施。专利面临的主要风险是权利风险和市场带来的风险。其中，权利风险包括专利有效性风险和侵权风险，任何企业或个人都可以对专利的有效性提出质疑，使高新技术企业的专利面临较大的不确定性。尤其在专利诉讼中，被诉侵权的一方通常会提出专利无效的请求。侵权风险表现为企业将被禁止使用该项专利并承担高额的专利侵权赔偿。所以，高新技术企业需要增强风险意识，加强对专利风险的管理，定期或不定期对其拥有的专利进行风险评估与预测，及时采取有效措施规避专利风险，这是对专利进行有效保护必不可少的一环。

第三，积极参与技术标准的制定。高新技术企业专利保护的最高水平是让自己的专利成为行业标准，在行业兴起时，高新技术企业就可以利用手中的专利盈利。高新技术企业要在相关的技术领域建立国际标准，需要了解国际法和商业规则，明确知识产权尤其是专利的细节问题。现阶段，对我国大部分的高新技术企业而言，建立国际标准存在一定的难度。我国高新技术企业可以通过组建专利联盟或商业联盟，联合其他企业的实力，共同实现这一目标。积极参与国际标准的制定，提升标准制定中的话语权，在标准制定中占有一席之地，利于本企业今后的技术发展。高新技术企业也可以根据自身实力，从国内标准做起，通过占领国内市场，逐渐向国外市场渗透，逐步增强国际竞争力。专利保护最成功的国际标准持有者——美国高通公司在保护专利、维护其国际标准地位方面的经验，值得我国高新技术企业学习与借鉴。

第三节 积极的专利商业化

专利的成功商业化是专利管理的最后一个环节，也是高新技术企业进行专利管理的目的。高新技术企业的专利获取、专利保护都是为了将专利进行商业化，提供市场需要的产品，从而获取丰厚的市场利润。专利商业化对高新技术企业的持续创新能力、经济效益均具有显著的正向影响，但专利商业化对社会效益的正向影响不显著，说明现阶段我国高新技术企业的专利商业化对社会效益的关注是不够的，技术的辐射与带动能力不强，且较少关注技术产品的节能环保功能。所以，高新技术企业应高度重视专利的商业化给经济效益和社会效益带来的不同影响。专利商业化是新一轮专利获取、专利保护和专利商业化的开始。所以，成功的专利商业化是高新技术企业持续经营的前提，说明企业的技术得到市场的认可，可以回收研发成本，获取市场利润，能够为高新技术企业进入良性循环提供物质和技术保证，有利于企业经济效益的提升。同时，高新技术企业的专利商业化，也能够使企业积累相关的技术经验和经营经验。专利商业化还应该关注社会效益，采用节能环保新技术，加强新技术的扩散与传播，促进社会的可持续发展。

首先，在开放式创新环境下，积极开拓专利商业化的途径。对通过自主研发获得的专利，应首先评估该项专利在企业生产经营中的地位，看其是属于核心专利还是外围专利、企业是否具备相应的生产条件、产品化的预期投入与商品化的预期收益等。在明确了以上问题后，高新技术企业可据此决定该项专利技术的商业化模式。在具备生产条件且专利技术商品化的预期收益大于投入的情况下，高新技术企业可以选择自主转化的形式。如果高新技术企业虽然具备生产条件，但在营销渠道的设置或营销人员的配备难以满足销售需求、产品上市后很难迅速占领市场的情况下，高新技术企业可以考虑将专利技术进行许可、转让等。同时，企业还可以考虑联合其他有实力的单位共同转化，利用其他单位的互补性资源，如良好的公共关系、强大的营销能力、完善的销售渠道等，实现双赢。如果高新技术企业认为该项专利技术具备很好的市场前景，但与企业目前的主营业务关联性不强，可以考虑成立新公司，专门进行该项专利技术的生产运营。

其次，加强引进专利的消化吸收再创新。高新技术企业对于从外部渠道获取的专利的商业化，通常是用于满足自身生产经营的需要。这是由于高新技术企业生产、制造的产品或提供的服务涉及其他企业的专利，为了更好地提供市场所需的产品，避免专利企业的侵权诉讼，在商品化过程中合法使用其他企业的专利，而向其他企业缴纳专利使用费的行为。这类高新技术企业缺乏核心专利技术，多处于产业链的下游，企业的竞争策略主要是价格战，获取的大部分利润主要用于缴纳专利使用费。对于这部分高新技术企业而言，引进专利并商业化不能成为企业经营的最终目的，而应该在商业化的过程中，加强对引进专利技术的消化吸收再创新，以摆脱对外部专利技术的依赖。

再次，重视专利组合中未商业化专利的战略价值。专利组合是针对特定技术的相关专利群，专利组合将专利的战术竞争变成了战略竞争，尤其在严重依赖技术创新的行业企业中（如电子通信企业），巨头企业通常通过大量申请或购买专利来获取竞争优势，如2011年微软收购Skype、Google收购摩托罗拉、移动等。在目前专利价值评估体系不健全的情况下，不管专利组合中的每项专利是否能够转化为生产力，都可以提高企业的技术壁垒，增加谈判筹码以获取外部的交叉许可或资金。有研究认为，在位企业通过持续进行 R&D 活动以保持技术的领先地位，以维持进入壁垒（Levin et al., 1987），并用来牵制竞争对手，保护企业的核心专利。因此，那些具有战略价值但没有或不能进行生产转化的专利，仍然是维护企业利益的有效工具，企业需要申请并维持这些专利技术。

最后，充分利用政府的公共政策和外部条件。高新技术企业从科研开发、成果转化、产品生产到知识产权保护、市场开发、形成产业规模等，需要一整套的包括政策、基础设施、法律、金融、技术、人力资源、国际合作以及咨询与中介服务机构等特殊的创业环境和完善高效的支持体系作为保障。目前，我国的法律法规也在逐步健全和完善，国家包括地方政府都为高新技术企业的发展提供了一系列优惠的政策条件，如税收优惠、专利申请补贴、专利实施资金支持等。因此，高新技术企业需要充分利用好外部的法律政策条件，充分利用市场机制在专利获取和商业化以及资源配置中的基础性作用。同时，积极通过全国专利展示交易中心、高校专利技术转移中心、专利风险投资公司、专利经营公司等多层次的专利转移平台与模式，加大企业专利商业化的力度。所以，高新技术企业要能够充分利用外部条件，获得政府的政策支持，充分利用科技园区的优惠政策，尽最大努力实施专利商业化，提升企业技术创新绩效。

第四节　突破技术锁定中的"自我锁定"与"被锁定"

本书在关于高新技术企业专利管理与技术创新绩效的关联启示中，提出了高新技术企业如何通过有效的专利管理提升技术创新绩效的建议。拓展专利获取渠道、对专利进行风险评估、组建专利联盟等建议有利于提高企业的专利管理水平，进而有益于提升企业的技术创新绩效。企业专利管理与技术创新绩效的高度关联，不可避免地会出现技术锁定现象。对于任何企业来说，

第七章 企业专利管理与技术创新绩效关联机理的启示及建议

他们都希望市场中的产品或服务能够锁定本企业的技术，这也是企业奋斗的目标。在高新技术企业领域，如果企业具备足够的实力，能够先发制人，迅速占领市场，可以形成先入优势。但单个企业的力量较难垄断市场，技术标准或锁定技术的出现，一般是几个或多个势均力敌的企业间博弈的结果。中兴无线通信有限公司总裁蒋建平认为：通常来说，最终成为标准的技术会是各方博弈、协商、妥协的结果，因此从技术层面上讲，该项技术会是各家公司"技术的大杂烩"，这可能不是最好的技术，但在各家企业实力相当的情况下，这是大家都能够接受的结果。以上是中观层面的技术锁定现象，从短期来看，中观层面的技术锁定可以维持市场的稳定，使相关企业获利。但从长期来看，这种锁定次优技术的结果，不利于社会技术的进步，挫败了其他企业技术研发的激情，最终不利于企业的持续发展。丁重等（2009）认为，熊彼特的"创造性破坏"理论在中国难以成立，中国目前普遍存在的是"低技术锁定"现象。

本书实证研究结果显示，技术锁定对高新技术企业专利管理与技术创新绩效之间的关系具有调节效应，其回归系数为负，说明技术锁定程度的提高会降低专利管理与技术创新绩效之间的相关关系，不利于企业通过专利管理提升经济效益和社会效益。本书的技术锁定是基于前期研究文献并结合我国高新技术企业普遍面临的现状提出的，即技术锁定是高新技术企业的"自我锁定"和被国外跨国公司的技术锁定。我国高新技术企业成立的时间较短，整体的规模和实力与国外同行相比还存在较大的差距，很难引领技术市场的发展，普遍缺乏将自身专利技术锁定市场的能力，即使个别行业或企业存在技术锁定，也是"低技术锁定"或政府干预情况下形成的技术垄断。大部分的高新技术企业在国际市场中扮演"跟随者"的角色，虽然能够在一定程度上避免市场与技术的风险，但这一角色容易使高新技术企业出现技术"自我锁定"的现象。技术"自我锁定"是指在高新技术企业自身实力不强的条件下，跟随国外大型跨国公司进行研发、生产，企业已经为此投入了绝大部分的资源，一旦国外大型跨国公司技术升级或出现新技术，我国高新技术企业很难及时转向跟进，从而形成了技术的"自我锁定"。我国大部分高新技术企业处于成长期，资金实力不强，技术积累不够，管理经验缺乏，加之国内的市场环境、法制环境不成熟，导致国内有些高新技术企业被国外技术锁定即"自我锁定"。由于企业没有与之相抗衡的替代性专利技术，按照国外技术标准在国内生产的产品，只能以价格优势进入国际市场，还时常面临国外政府的反倾销等非技术性贸易壁垒的制裁。我国高新技术企业要克服技术"自我锁定"和"被锁定"导致的被动局面，需要采取"反锁定"措施。

一、高新技术企业面对技术"自我锁定"的"反锁定"建议

首先，分析技术锁定产生的原因，审视企业的组织结构、主营业务、市场细分、资源的分配、R&D 实力、技术前景、拥有的专利技术、专利联盟等，明确企业锁定现有技术的原因。

其次，根据高新技术企业实际情况，改变或改善造成技术锁定的现实条件。如重新设计企业的组织结构，根据企业的实力、研发现状及市场变化，适时调整企业的主营业务方向。造成技术锁定的主要原因通常是企业的资源大部分都投入到现有产品的生产设备、专利购买、许可等方面，企业很难从现有生产经营中转向新技术产品的生产。如果是资金造成的技术依赖，企业可以通过多渠道的融资改变技术锁定；如果企业的技术锁定是由于 R&D 实力造成的，高新技术企业需要加强研发投入，包括资金、人力投入等，最主要的是外部招聘 R&D 人员，输入新鲜血液，充实 R&D 队伍，避免"NIH 现象"的发生；如果高新技术企业的技术锁定是由现有技术前景决定的，说明该技术目前具有良好的发展潜力，企业需要密切关注技术发展动向，增加技术灵活性，避免持续创新过程中形成核心刚性，做到"生产一代、研发一代、储备一代"，以灵活应对外部的技术变迁或提高企业对技术的敏感程度，这也是企业应对技术锁定的有效方式。

最后，企业自身拥有的专利技术或参与的专利联盟也是造成技术锁定的原因之一，如何避免这种情况下的技术锁定？其主要方法是增强自身的技术实力和应变能力，积极进行产品技术升级和工艺创新，摆脱对其他企业的专利技术依赖并增强企业自身在专利联盟中的地位。

二、高新技术企业面临技术"被锁定"的"反锁定"对策

我国高新技术企业要突破国外跨国公司的技术锁定，可以采取以下几个方面的对策：

首先，企业需要认识到技术"被锁定"的危害和突破国外技术锁定的迫切性。国外的技术锁定不仅使我国企业在技术方面受制于人，压制了企业的技术创新能力，还使得处于初创期或成长期的高新技术企业开拓国际市场步履维艰，关系到企业的生死存亡，并最终会影响我国的产业格局。

其次，高新技术企业需要抓住我国建设创新型国家及实施知识产权战略的机遇，充分利用良好的外部条件并发挥专利等无形资产在技术创新中的引领与保障作用，通过加强专利管理，全面提升企业的持续创新能力。

再次，在专利技术的购买、许可等方面，保持自身技术的独立性，尽量争取外围专利及后续研发专利技术的申请与维护。高新技术企业应学习国外的先进技术，为我所用，对引进技术进行消化吸收和再创新，从模仿创新演进到自主创新，降低对国外技术的依赖程度，提高产品的自主创新技术含量，并努力实现超越，从而逐步实现"反锁定"。高新技术企业还应在技术创新的基础上，加强品牌的培育，依托核心技术，打造知名品牌，促进中国由"制造大国"向"创造大国"的转变。

最后，面临国外的技术锁定，我国高新技术企业也可以另辟蹊径，寻找替代性技术，绕开国外的技术锁定领域，形成新的市场。利用自身的先进技术产品，迅速"抢滩"市场，并将这一市场先机通过自我强化机制的作用逐渐演变为企业的竞争优势。虽然"反锁定"对现阶段我国高新技术企业而言困难重重，但这是企业在激烈竞争环境中生存和发展不可避免的，也是能够实现的，日本企业的经验值得我国高新技术企业学习和借鉴。

本章小结

本章从专利管理动态流程的角度，结合高新技术企业的现状、实证研究结果，提出我国高新技术企业专利管理与技术创新绩效关联的启示及对策建议。

第一，专利获取方面，在高新技术企业专利管理与技术创新绩效的关联中，得到的启示是高新技术企业需要理性对待专利获取。对专利进行恰当定位，重视专利质量多于重视专利数量，对获取的专利要分清主次轻重，有目的、有规划地获取专利。首先，拓展专利获取渠道，形成多元化的专利获取方式；其次，积极组建或加入专利联盟；最后，高新技术企业还需要关注先进、前沿知识的不同信息来源途径。

第二，高新技术企业需要对专利有目的、有规划获取的专利实施全面保护。一方面，通过专利建立"隔离机制"阻断来自竞争对手的侵权风险；另一方面，通过战略性运用专利封锁竞争对手的专利申请，牵制竞争对手。在高新技术企业专利保护中，需要对所拥有的专利进行专利风险评估与预测，为企业的专利保护和专利运营提供指导。高新技术企业专利保护的最佳手段是专利标准化，通过参与或制定国际、国内标准，提高企业的竞争力。

第三，专利商业化是高新技术企业进行专利管理的目的，对企业的持续创新能力与经济效益均具有显著的正向影响。专利商业化是高新技术企业回收R&D成本、获取市场利润的主要途径。同时，专利商业化也为高新技术企业进行新一轮的专利获取、专利保护和专利商业化提供物质和技术基础。高新技术企业应积极开拓专利商业化的途径，在商业化过程中，加强对引进专利的消化吸收和再创新，重视专利的战略价值，并充分利用好外部的公共政策与公共服务。

第四，密切关注技术锁定在专利管理与技术创新绩效之间的调节效应。

第七章　企业专利管理与技术创新绩效关联机理的启示及建议

本书中的技术锁定包括高新技术企业内部的"自我锁定"和外部企业的技术锁定，由于技术锁定程度的提高会弱化高新技术企业专利管理与技术创新绩效之间的关系，所以，本书提出了高新技术企业避免"自我锁定"的建议以及突破外部技术锁定的"反锁定"对策。

第八章　结论与展望

在本书的绪论部分，提出拟解决的四个关键问题：高新技术企业专利管理与技术创新绩效的内涵界定及现状分析；高新技术企业专利管理与技术创新绩效之间关联的影响因素分析；专利管理与技术创新绩效关联模型的构建及实证研究；高新技术企业提升专利管理与技术创新绩效关联的启示。通过一系列的文献收集、理论分析、模型构建、实证研究、结论探讨等研究活动，上述四个问题都得到了很好的解决。本章旨在对整个的研究工作进行全面的总结，包括研究结论、研究局限性及未来的研究展望。

第一节　主要结论

在世界高新技术飞速发展的今天，高新技术企业作为技术创新的有效载体，已成为促进各国经济发展的主力军。专利作为企业生产经营中的重要资源投入，动态、全面的专利管理对高新技术企业持续创新能力的培育具有显著的正向影响，进而对高新技术企业的技术创新绩效产生影响。在开放式创新环境下，高新技术企业专利管理与技术创新绩效的有效关联，需要企业关注持续创新能力的培育，并合理规避技术锁定现象，通过加强持续创新能力，突破内外部的技术锁定，以提升企业技术创新绩效，促进社会进步。通过全书的论证分析，主要形成了以下研究结论。

一、专利管理与技术创新绩效的关联显著

资源观与开放式创新理论的融合,为本书理论框架的构筑提供了理论基础。通过专利管理与技术创新绩效关联的理论和实证研究发现,在专利管理与技术创新绩效的直接关联模型中,二者表现为全面关联关系;在专利管理与技术创新绩效关联综合模型中,二者表现为部分关联关系。这一研究结果表明,不管在何种情况下,专利管理与技术创新绩效之间都具有显著的关联关系,高新技术企业要获得长远、持久的发展必须强化二者之间的关联。专利管理与技术创新绩效之间的全面关联关系,表明拥有专利的高新技术企业需要提高对专利的重视程度,加强对专利的有效管理,提升技术创新绩效;在专利管理与技术创新绩效的部分关联中,专利获取对社会效益的正向影响显著。说明在开放式创新条件下,高新技术企业的专利获取渠道、信息搜寻的渠道都呈多样化的发展趋势,企业能够根据自身利益最大化的原则自主选择生产经营中所需的专利技术,有利于企业间互补性资源的利用,能够最大程度地发挥现有专利的经济价值与社会价值。企业层面的专利保护对经济效益具有显著的正向影响,说明微观企业层面适度的专利保护是必需的。这一研究结果支持了认为专利保护有利于技术创新绩效的学者们的研究观点(Bader,2007;尚勇等,1999;陈海秋等,2007;姚臻,2002;袁晓东等,2002)。专利商业化是高新技术企业专利获取、专利保护的目的,是专利管理的最后一环,能够为新一轮专利获取、专利保护、专利商业化提供物资和技术基础,这是高新技术企业进入良性循环轨道的开始。所以,专利商业化与经济效益具有显著的正相关关系。而专利获取对经济效益的正向影响不显著,说明企业需要重视专利质量,有规划、有目的地去获取专利。专利保护对社会效益的影响不显著,说明企业内部微观层面的专利保护不利于技术的社会扩散和传播,从而影响整个社会的技术进步。专利商业化与社会效益的正相关关系不显著,表明我国高新技术企业专利商业化过程中对环境、环保的重视程度不够,为了获取更多的经济利益,企业通常不会优先采用昂贵先进的节能环保技术。专利管理与技术创新绩效之间变量关系的研究假设,大部分得到了

实证研究的支撑和检验。

二、持续创新能力是专利管理与技术创新绩效关联的影响因素之一

持续创新能力是高新技术企业专利管理与技术创新绩效关联的影响因素，高新技术企业的长远发展是通过专利的资源投入，提升企业的持续创新能力，进而对其技术创新绩效产生影响。高新技术企业的专利技术具有生命周期短、更新换代快的特点，企业的持续发展必须符合熊彼特（1942）提出的现代企业必须不断创新的事实。以永续经营为目的的高新技术企业，其对专利的获取不是目的，只是企业持续创新过程中的一个环节。在专利管理与技术创新绩效的关联中，要加强过程管理，增加控制节点。高新技术企业对专利获取应持理性的态度，关注专利质量，从企业整体发展战略需要出发，决定专利的获取，并对获取的专利进行有效的保护和商业化，这对高新技术企业持续创新能力的提升具有重要意义。

高新技术企业理性的专利获取、全面的专利保护和积极的专利商业化通过持续创新能力的提升对其经济效益具有明显的正向影响作用。但从持续创新的观点来看，高新技术企业的专利保护不利于企业技术创新绩效中社会效益的提升，虽然专利保护与社会效益的负相关不显著，但这一研究结果在一定程度上支持了中观层面的认为专利强保护不利于社会技术进步的学者们的研究观点（Pineda，2006；Chen and Thitima，2005；Legre，2005；Patrica，2005；吴汉东，2005），微观企业层面的专利强保护亦不利于社会进步。专利商业化对社会效益的影响不显著，说明我国高新技术企业在专利获取、专利保护中对社会效益的关注不够，企业还需要增强社会责任感与使命感。

三、技术锁定在专利管理与技术创新绩效之间的调节效应明显

技术锁定是高新技术企业专利管理与技术创新绩效之间的调节变量，即技术锁定能够改变专利管理与技术创新绩效之间的关系，技术锁定的调节效

应是负效应。目前,对于主要处于技术"自我锁定"和被国外跨国公司技术锁定情形下的我国高新技术企业而言,技术锁定对企业确实存在不利影响,尤其在生物医药、电子信息、软件等高新技术领域,先进、前沿技术基本都掌握在国外大型企业手中。本书技术锁定调节效应的实证研究结果与我国高新技术企业的现实是相符的,我国高新技术企业在生产经营中需要尽力避免技术的"自我锁定",并努力突破国外的技术锁定,通过自主知识产权的获取,维护企业持续创新能力,才能获得良好的技术创新绩效。

四、高新技术企业专利管理与技术创新中仍存在"短板"

尽管专利管理与技术创新绩效之间存在显著的关联,但我国高新技术企业在专利管理与技术创新方面仍有较大的提升空间。通过对高新技术企业专利管理与技术创新现状的分析发现,在技术创新方面,虽然高新技术企业的研发投入逐年增多,技术收入结构也在逐步优化,但我国高新技术企业与发达国家高技术企业相比存在较大差距:在企业日益增长的专利数量中,发明专利所占的比例较低,且专利集中度的产业分布比较单一;高新技术企业的地域分布不均衡,主要集中在东部沿海地区;传统产业利用高新技术改造升级的力度不足,影响了高新技术企业的快速成长。在专利管理方面,高新技术企业的组织管理机构及专利制度缺失,知识产权意识淡薄,企业主要采取自主研发的方式获取专利,对外部资源的利用有限,导致专利的产出水平与质量不高,专利的经济寿命比较短。高新技术企业要增强专利管理与技术创新绩效之间的关联,必须着力改善专利管理或技术创新中存在的"短板",化劣势为优势。

五、专利管理与技术创新绩效的关联具有重要的启示性意义

在理论模型构建基础上进行的实证分析,对我国高新技术企业提升专利管理与技术创新绩效的有效关联具有非常重要的启示性意义。

首先,企业需要理性看待专利获取,改变目前重数量、轻质量的专利研

发与申请策略，有规划、有目的的获取专利。

其次，企业需要进行全面的专利保护，充分发挥专利的防御性功能和战略性功能，对专利进行风险评估与预测，并积极主持或参与国内、国际行业标准的制定。

再次，企业需要积极进行专利商业化，开拓专利商业化的渠道，合理利用外部互补性资源及政府的优惠性政策并加强对社会效益的关注。

最后，企业必须努力突破技术锁定中的"自我锁定"和"被锁定"现象，克服"NIH综合症"，避免核心刚性的形成，增强自身持续创新能力，提升技术创新绩效。

第二节　研究局限与展望

一、研究局限

专利与创新的关系一直是学界研究的热点问题，围绕这一热点研究方向，本书将研究内容具体细化到专利管理与技术创新绩效之间的关系问题上，并以高新技术企业作为研究对象。本书在前人研究成果和研究方法的基础上，结合对中国高新技术企业的实地调研，通过严密的理论分析和逻辑推导，构建了高新技术企业专利管理与技术创新绩效关联的理论框架。然后运用统计分析方法，验证理论观点和研究假设的正确性，得到了一些具有实际意义的研究结论。但是，由于研究问题的复杂性和笔者个人研究能力的限制，本书仍难免存在许多不足，主要表现在以下方面：

（一）研究对象没有涉及高新技术领域的具体行业

本书是基于微观企业层面的研究，没有涉及中观行业层面的分析。一方面囿于数据收集及调研条件的限制，另一方面也是为了获得较多的有效样本数据。因此，本书以我国高新技术企业的整体作为研究对象，并通过调查问卷的方式对其中的部分企业进行了调查研究。书中也没有考虑高新技术企业的地域性差异。所以，根据实证研究结果提出的对策建议，是针对高新技术企业的，对具体行业企业的针对性不强。

(二) 政策变动导致数据收集难度的增加

2008年，我国制定了《高新技术企业认定管理办法》和《高新技术企业认定管理工作指引》，高新技术企业的认定条件发生了较大变化，原来认定的高新技术企业需要进行重新认定。所以，对于本书用到的二手数据，数据的连续性不强，在一定程度上降低了2008年之前与2008年之后数据的可比性。由于我国统计数据的更新与发布都比较慢，若仅收集认定条件变动之后的数据，目前最多只能收集到2008~2012年的部分数据，仅从三四年的数据中很难发现规律性的问题。这一问题的存在使本书中对高新技术企业的现状分析产生了一定的影响，但好在高新技术企业的认定并非一成不变，即使被认定为高新技术的企业，每3年也要复审，对复审不合格的企业将取消高新技术企业资格。所以，高新技术企业的数据是动态变动的，总体数据具有相对可比性。

二、展望

针对研究局限性和相关研究问题，本书对后续研究进行展望：

(一) 不同行业间的对比研究

高新技术企业涉及的行业较多，行业之间的差异性也比较大。未来的研究可以针对特定行业进行深度探索或典型行业间的差异比较，提高研究结论的针对性和研究建议的可操作性，以指导不同行业企业认识到专利的作用和企业应承担的社会责任。

第八章 结论与展望

(二) 不同类型或不同国家间的对比研究

未来还可以研究科技型的高新技术行业与传统行业之间在专利管理与技术创新绩效关系方面的差异,或进行发达国家和地区与发展中国家的对比研究,为我国的技术转型和产业结构的调整升级提供政策建议和借鉴。

(三) 对典型企业进行案例研究

案例研究是学术研究中一个非常重要的方法。今后将从调研对象中选取典型企业进行案例研究,长期跟踪企业的专利管理行为,根据案例研究的结果,检验和修正研究模型,并为企业的专利管理与技术创新活动提供有效的对策、建议。

附录一　企业专利管理与技术创新绩效关联研究访谈提纲

1. 请简要描述贵企业专利概况？（专利来源、拥有量、专利技术性收益等）
2. 您认为企业专利管理应该包括哪些内容？有哪些分类方法？
3. 贵企业高层管理者对专利管理的态度？专利管理会对贵企业的技术创新能力产生哪些影响？
4. 贵企业是否设立专利管理制度？其完善程度如何？
5. 贵企业普通员工对专利及专利管理的认识程度？贵企业通过何种途径提升员工对专利的认识？
6. 贵企业是否设置独立的专利管理部门？若有，专利管理部门发挥的作用如何？主管哪些工作？若无，贵企业是否有专人管理专利事务？管理专利事务的人员设置在哪个职能部门中？
7. 近年来，贵公司通过专利管理，专利产品/技术产品的收益如何？取得了哪些市场或技术创新方面的成效？

附录二 企业专利管理与技术创新绩效关联研究调查问卷

尊敬的女士／先生：您好！

十分感谢您抽出宝贵的时间参与我们的学术研究——高新技术企业专利管理与技术创新绩效的关联，您的参与是本项研究顺利进行的保证。本问卷纯属学术研究，没有任何商业用途，同时，我们也承诺，对您提供的材料严格保密。非常感谢您的参与，谢谢您！

一、基本信息（点击 一次选中选项，如果选错，可再次点击该方框取消选择）

贵公司名称（选填）：_____。

贵公司员工人数：_____。

其中：研发人员占员工总数的比例：

贵公司成立年限：□3年以内　□3~5年　□5~10年　□10年以上

贵公司的性质：□国有企业　□民营企业　□外（合）资企业　□其他

贵公司主营业务所属行业：□电子及通信　□生物医药　□节能环保 □其他领域

贵公司在该行业内的地位：□行业领先（前3）　□行业跟随（前4~10）　□高出行业平均水平　□行业平均水平　□行业相对落后

贵公司研发投入占销售收入的比重：□3%~5%　□5%~8%　□8%以上

贵公司专利的主要来源：□内部研发　□转让　□许可　□合作研发　□其他

贵公司专利成果商业化的主要方式：□自主转化　□转让　□许可　□成立新公司　□联合有实力单位共同转化　□其他

您的工作职位：□总经理　□营销经理　□R&D 经理　□知识产权工程师

二、具体项目的测量（请您根据贵公司的实际情况选择，点击题项后面方框内的□）

序号	题项 （下面各项表述，请您根据您同意或者不同意的程度客观选择，点击选择相应方框内的□，如"非常同意"就选择点击"7"下面方框内的□；"非常不同意"就选择"1"下面方框内的□；其他程度依次类推）	1 非常不同意	2 比较不同意	3 有点不同意	4 中立	5 有点同意	6 比较同意	7 非常同意
1	贵公司在研发和专利引进方面有大量的资金投入							
2	贵公司自身拥有生产或提供主导产品或服务的大部分专利							
3	贵公司组建或加入了相关专利联盟组织							
4	贵公司通常将技术创新成果积极申请专利							
5	贵公司专利部门或专利职能人员能发挥积极作用							
6	贵公司积极主持或参与国际、国内行业标准的制定							
7	贵公司经常组织人员对相关专利进行风险评估及预测							
8	贵公司拥有高质量的专利组合							
9	贵公司拥有生产或提供主导产品或服务的互补性资源							
10	贵公司有选择地将专利技术进行许可、转让							
11	贵公司鼓励员工发现技术创新中的机会							
12	贵公司在技术创新中经常使用专利数据库收集相关信息							
13	贵公司会组织员工进行专利知识的内训或外训							

附录二 企业专利管理与技术创新绩效关联研究调查问卷

续表

序号	题 项 (下面各项表述,请您根据您同意或者不同意的程度客观选择,点击选择相应方框内的□,如"非常同意"就选择点击"7"下面方框内的□;"非常不同意"就选择"1"下面方框内的□;其他程度依次类推)	1 非常不同意	2 比较不同意	3 有点不同意	4 中立	5 有点同意	6 比较同意	7 非常同意
14	贵公司能够紧密跟随本行业领域的新技术知识							
15	贵公司具备良好的人力资源规划							
16	贵公司每个职能部门的关键人才经常参与到创新过程中							
17	贵公司在技术创新中能较多地利用外部创新源(如客户、供应商、科研院所、竞争对手等)							
18	贵公司技术研发部门与其他职能部门能进行有效的沟通交流							
19	贵公司具备将技术从研究转变到产品开发的高效机制							
20	贵公司在技术创新过程中会吸收市场和客户反馈信息							
21	贵公司生产部门能够顺利地将研发成果转化为可批量生产的产品							
22	贵公司能够有效地采用先进的制造方法							
23	贵公司具备熟练的生产工人							
24	贵公司与主流客户的关系紧密							
25	贵公司对不同的细分市场有较好的理解							
26	贵公司拥有善于积极开拓市场的销售人员							
27	贵公司能为其专利产品提供优质的售后服务							
28	贵公司具备完善的规章制度							
29	贵公司的制度得到大部分员工的认可							
30	贵公司能够根据内外部环境的变化对相关制度进行持续改善							
31	贵公司常常在行业内领先推出新产品/服务							
32	贵公司的专利产品对利润增长有主要贡献							
33	与同行相比,贵公司产品创新的成功率更高							
34	与同行相比,贵公司拥有更多的专利							
35	贵公司的创新技术或产品能够带动社会相关技术或产品的发展							
36	贵公司提供或生产的技术或产品具有改善环境的作用							

续表

序号	题 项 (下面各项表述,请您根据您同意或者不同意的程度客观选择,点击选择相应方框内的□,如"非常同意"就选择点击"7"下面方框内的□;"非常不同意"就选择"1"下面方框内的□;其他程度依次类推)	1 非常不同意	2 比较不同意	3 有点不同意	4 中立	5 有点同意	6 比较同意	7 非常同意
37	与同行相比,贵公司生产过程中的环保程度较高							
38	贵公司现有主导技术产品的收益是递增的							
39	贵公司能够轻易地从现有主导技术转向新技术产品生产							
40	贵公司新技术与原有技术存在较大差别							

参考文献

[1] Achilladelis B. The dynamics of technological innovation: the sector of antibacterial medicines [J]. Research Policy, 1993, 22 (4): 279 – 308.

[2] Achilladelis B., Schwarzkopf A., Cines M. The dynamics of technological innovation: the case of the chemical industry [J]. Research Policy, 1990, 19 (1): 1 – 34.

[3] Adner R., Kapoor R. Value creation in innovation ecosystems: how the structure of technological interdependence affects firm performance in new technology generations [J]. Strategic Management Journal, 2010, 31 (3): 306 – 333.

[4] Aghion P., Howitt P. A model of growth through creative destruction [J]. Econometrica, 1992, 60 (3): 323 – 351.

[5] Ahuja G. Collaboration networks, structural holes and innovation: a longitudinal study [J]. Administrative Science Quarterly, 2000, 45 (3): 425 – 453.

[6] Allred B. B., Park W. G. The influence of patent protection on firm innovation investment in manufacturing industries [J]. Journal of International Management, 2007, 13 (2): 91 – 109.

[7] Alter C, Hage J. Organizations working together [M]. London: Sage Publication, 1993.

[8] Andersen B. The hunt for S – shaped growth paths in technological innovation: a patent study [J]. Journal of Evolutionary Economics, 1999, 9 (4): 487 – 526.

[9] Ang J. Financial reforms, patent protection, and knowledge accumulation in India [J]. World Development, 2010, 38 (8): 1070 – 1081.

[10] Argote L., McEvily B., Reagans R. Managing knowledge in organizations: an integrative framework and review of emerging themes [J]. Management Science, 2003, 49 (4): 571 - 582.

[11] Arora A., Ceccagnoli M. Patent protection, complementary assets and firms' incentives for technology licensing [J]. Management Science, 2006, 52 (2): 293 - 308.

[12] Arthur W. Brian. Competing technologies, increasing returns, and lock in by historical events [J]. The Economic Journal, 1989, 99 (394): 116 - 131.

[13] Arthur W. Brian. Positive feedbacks in the economy [J]. McKinsey Quarterly, 1994, 4 (1): 81 - 96.

[14] Artz W. K., Norman M. P., Hatfield E. D., Cardianl B. L. A longitudinal study of the impact of R&D, patents and product innovation on firm performance [J]. Journal of Product Innovation Management, 2010, 27 (5): 725 - 740.

[15] Aveni D. Unbundling dynamic capabilities: An exploratory study of continuous product innovation [J]. Industrial and Corporate Change, 2006, 12 (3): 577 - 606.

[16] Bader A. M. Extending legal protection strategies to the service innovations area: review and analysis [J]. World Patent Information, 2007, 29 (2): 122 - 135.

[17] Balmann A., Odening M., Weikard H. et al. Path-dependence without increasing returns to scale and network externalities [J]. Journal of Economic Behavior and Organization, 1996, 29 (1): 159 - 172.

[18] Bamey J. B. Firm resource and sustained competitive advantage [J]. Journal of Management, 1991, 17 (1): 99 - 120.

[19] Belderbos R., Carree M., Lokshin B. Cooperative R&D and firm performance [J]. Research Policy, 2004, 33 (10): 1477 - 1492.

[20] Berchicci L. Heterogeneity and intensity of R&D partnership in Itanlian Manufacturing Firms [J]. IEEE Transactions on Engineering Management, 2011, 57 (4): 674 - 687.

[21] Bessant J. Caffyn, Gilbert S. Rediscovering continuous improvement [J]. Technovation, 1994, 14 (1): 17 – 29.

[22] Bontis N., Crossan M., Hulland J. Managing an organizational learning system by aligning stocks and flows [J]. Journal of Management Studies, 2002, 39 (4): 437 – 469.

[23] Borg A. E. Knowledge information and intellectual property implications for marketing relationships [J]. Technovation, 2001, 21 (8): 515 – 524.

[24] Boyd J. Actional Legitimacy [J]. Journal of Public Relations Research, 2000, 2 (4): 341 – 354.

[25] Brown S. L., Eisenhardt K. M. Competing on the edge [M]. Boston, MA: Harvard Business School Press, 1998.

[26] Burgelman R., Maidique M. A., Wheelwright S. C. Strategic management of technology and innovation [M]. McGrawHill, NewYork, 2004.

[27] Burt R. S. Structural holes and good ideas, American Journal of Sociology [J]. 2004, 110 (2): 349 – 399.

[28] Cao Y., Zhao L. Intellectual property management model in enterprises: a technology life cycle perspective [J]. International Journal of Innovation and Technology Management, 2011, 8 (2): 253 – 272.

[29] Calantone R. J., Harmancioglu. N. Inconclusive innovation "returns": a meta-analysis of research on innovation in new product development [J]. Journal of Product Innovation Management, 2010, 27 (7): 1065 – 1081.

[30] Carmines E. G., Mclver J. P. Analysing models with unobservable variables. In G. W. Bohrnstedt and E. E. Borgatta (eds.), Social measurement current issues (65 – 115). Beverly Hills, CA: Sage.

[31] Carolan M. S. Making patents and intellectual property work: the asymmetrical "harmonization" of the TRIPS [J]. Organization & Environment, 2008, 21 (3): 295 – 310.

[32] Castellucci F., Zheng H. J. Technological regimes, Schumpeterian patterns of innovation and firm – level productivity growth [J]. Industrial and Corpo-

rate Change, 2010, 19 (6): 1829 – 1865.

[33] Cavaller V., Namsi M. Factors study associated with the creation, capture and preservation of the value of intangible assets: a needed approach to debate on management of technological innovation [C]. Proceedings of the 5th International Conference on Intellectual Capital and Knowledge Management & Organisational Learning, 2008, 567 – 576.

[34] Chen D. Z., Lin W. Y. C., Huang M. H. Using essential patent index and essential technological strength to evaluate industrial technological innovation competitiveness [J]. Scientometrics, 2007, 71 (1): 101 – 116.

[35] Chen Y. M. The continuing debate on firm performance: a multilevel approach to the IT sectors of Taiwan and South Korea [J]. Journal of Business Research, 2010, 63 (5): 471 – 478.

[36] Chen Y. M, Puttitanun T. Intellectual property rights and innovation in developing countries [J]. Journal of Development Economics, 2005, 78 (2): 474 – 493.

[37] Chesbrough H. Open innovation, the new imperative for creating and profiting from technology [M]. Boston: Harvard Business School Press, 2003.

[38] Chesbrough H. Open business models: how to thrive in the new innovation landscape [M]. Boston: Harvard Business School Press, 2006.

[39] Chiang Y H, Hung K P. Exploring open search strategies and perceived innovation performance from the perspective of inter – organizational knowledge [J]. R&D Management, 2010, 40 (3): 292 – 299.

[40] Chiesa V., Coughlan P., Voss C. A. Development of a technical innovation audit [J]. Journal of Product Innovation Management, 1996, 13 (2): 105 – 136.

[41] Chiesa V. et al. Performance measurement in R&D: exploring the interplay between measurement objectives, dimensions of performance and contextual factors [J]. R&D Management, 2009, 39 (5): 488 – 519.

[42] Coase R. H. The nature of the firm [J]. Economica, 1937, 4 (16):

386 – 405.

[43] Coff R. W. When competitive advantage doesn't lead to performance: the resource – based view and stakeholder bargaining power [J]. Organization Science, 1999, 10 (2): 119 – 133.

[44] Cohen W. M., Nelson R. R., Walsh J. P. Protecting their intellectual assets: appropriability conditions and why US manufacturing firms patent (or not) [R]. NBER working paper 7552, 2000.

[45] Conner K. R., Prahalad C. K. A resource – based theory of the firm: knowledge versus opportunism [J]. Organization Science, 1996, 7 (5): 477 – 501.

[46] Cooper R. G., Kleinschmidt E. J. Screening new products for potential winners [J]. IEEE Engineering Management Review, 1994, 22 (4): 24 – 30.

[47] Curran C. S., Bröring S., Leker J. Anticipating converging industries using publicly available data [J]. Technological Forecasting and Social Change, 2010, 77 (3): 385 – 395.

[48] Czarnitzki D., Toole A. A. Patent protection, market uncertainty, and R&D investment [J]. Review of Economics and Statistics, 2011, 93 (1): 147 – 159.

[49] Dahlander L., Gann D. M. How open is innovation [J]. Research Policy, 2010, 39 (6): 699 – 709.

[50] Dierickx I., Cool K. Asset stock accumulation and sustainability of competitive advantage [J]. Management Science, 1989, 35 (12): 1504 – 1511.

[51] Drew S. From knowledge to action: the impact of benchmarking on organizational performance [J]. Long Range Planning, 1997, 30 (3): 427 – 441.

[52] Dunning H. John, Lundan M. Sarianna. The institutional origins of dynamic capabilities in multinational enterprises [J]. Industrial and Corproate Change, 2010, 19 (4): 1225 – 1246.

[53] Fiedler M., Welpe I. M. Antecedents of cooperative commercialization strategies of nanotechnology firms [J]. Research Policy, 2010, 39 (3): 400 – 410.

[54] Fleming L., Marx M. Managing innovation in small worlds [J]. MIT

Sloan Management Review, 2006, 48 (1): 8 - 9.

[55] Foray D. Characterizing the knowledge base: available and missing indicators. In: Knowledge Management in the Learning Society. OECD, 2000: 239 - 255.

[56] Furukawa Y. The protection of intellectual property rights and endogenous growth: is stronger always better [J]. Journal of Economic Dynamics & Control, 2007, 31 (11): 3644 - 3670.

[57] Ganguli P. Intellectual property rights: mothering innovation to markets [J]. World Patent Information, 2000, 22 (1 - 2): 43 - 52.

[58] Gemunden H G., Ritter T., Heydebreck P. Network configuration and innovation success: an empirical analysis in German high - tech industries [J]. International Journal of Research in Marketing, 1996, 13 (5): 49 - 62.

[59] George G., Zahra S. A., Wood D. The effects of business university alliance on innovative output and financial performance: a study of publicly traded biotechnology companies [J]. Journal of Business Venturing, 2002, 17 (3): 577 - 609.

[60] Glass J. A., Saggi K. Intellectual property rights and foreign direct investment [J]. Journal of International Economics, 2002, 56 (2): 387 - 410.

[61] Grant R. M. Toward a knowledge - based theory of the firm [J]. Strategic Management Journal, 1996, 17 (winter Special issue): 109 - 122.

[62] Guan J. C., Mok K. C., Richard C. M. Y. et al. Technology transfer and innovation performance: Evidence from Chinese firms [J]. Technological Forecasting and Social Change, 2006, 73 (6): 666 - 678.

[63] Guan J. C., Richard C. M. Yam, Chiu Kam Mok et al. A study of the relationship between competitiveness and technological innovation capability based on DEA models [J]. European Journal of Operational Research, 2006, 170 (1): 971 - 986.

[64] Guan J. C., Richard C. M. Y., Tang P. Y. E., Lau K. W. A. Innovation strategy and performance during economic transition: Evidences in Beijing, China [J]. Research Policy, 2009, 38 (5): 802 - 812.

[65] Guo J. Q., Trivedi P. K. Flexible parametric models for long-tailed patent count distributions [J]. Oxford Bulletin of Economics and Statistics, 2002, 64 (1): 63 - 82.

[66] Hagedoorn J., Cloodt M. Measuring innovative performance: is there an advantage in using multiple indicators [J]. Research Policy, 2003, 32 (8): 1365 - 1379.

[67] Hamel G, Valikangas L. The quest for resilience [J]. Harvard Business Review, 2003 (9): 52 - 63.

[68] Haupt R., Kloyer M., Lange M. Patent indicators for the technology life cycle development [J]. Research Policy, 2007, 36 (3): 387 - 398.

[69] Henderson R., Cockburn I. Measuring competence? Exploring firm effects in pharmaceutical research [J]. Strategic Management Journal, 1996, 15 (special issue): 63 - 84.

[70] Heshmati A., Kim H. The R&D and productivity relationship of Korean listed firms [J]. Journal of Productivity Analysis, 2011, 36 (2): 125 - 142.

[71] Hopkins M. S., Brynjolfsson E. The four ways IT is revolutionizing innovation [J]. MIT Sloan Management Review, 2010, 51 (3): 51 - 56.

[72] Hsu L. L. The impact of industrial characteristics and organizational climate on KMS and BIP - Taiwan bioscience industry [J]. Journal of Computer Information Systems, 2006, 46 (4): 8 - 17.

[73] Hsu J. Y. A late - industrial district? Learning network in the Hsinchu industrial park [D]. Taiwan, Department of Geography, University Berkeley. Science - Based of California, 1997.

[74] Hufker Tim, Alpert Frank. Patents: a managerial perspective [J]. Journal of Product & Brand Management, 1994, 3 (4): 44 - 54.

[75] Hurmelinna P., Kylaheiko K., Jauhiainen T. The Janus face of the appropriability regime in protection of innovations: theoretical re-appraisal and empirical analysis [J]. Technovation, 2007, 27 (3): 133 - 144.

[76] Jiang T. Y., Cheng C. Quantitative analysis of enterprise's technology

innovation performance based on different innovation strategies [C]. International Conference on Engineering and Business Management, 2010, Vol.1 - 8: 4630 -4633.

[77] Johnsen T. E., Ford I D. Managing collaborative innovation in complex network: findings from exploratory interviews [C]. The 16th Annual IMP Conference, University of Bath, Bath, UK. 2000.

[78] Kingston W. Innovation needs patents reform [J]. Research Policy, 2001, 30 (3): 403 -423.

[79] Kline R. B. Principles and practice of structural equation modeling [M]. The Guilford Press, New York, 1998.

[80] Kline D. Sharing the corporate crown jewels [J]. MIT Sloan Management Review, 2003, 44 (3): 89 -93.

[81] Kogut B., Zander U. Knowledge of the firm, combinative capabilities and the replication of technology [J]. Organization Science, 1992, 3 (3): 383 -397.

[82] Krysiak F. C. Environmental regulation, technological diversity, and the dynamics of technological change [J]. Journal of Economic Dynamics & Control, 2011, 35 (4): 528 -544.

[83] Lall S. Indicators of the Relative Importance of IPRs in Developing Countries [J]. Research Policy, 2003, 32 (9): 1657 -1680.

[84] Laursen K., Salter A. The paradox of openness: appropriability and the use of external sources of knowledge for innovation [C]. Paper presented at the Academy of management Conference, 2005, Aug. 8 -10. Honolulu, Hawaii, USA.

[85] Laursen K., Salter A. Open for innovation: the role of openness in explaining innovation performance among U. K manufacturing firms [J]. Strategic Management Journal, 2006, 27 (2): 131 -150.

[86] Lee C. Y., Jeon J. H., Park Y. Monitoring trends of technological changes based on the dynamic patent lattice: a modified formal concept analysis approach [J]. Technological Forecasting & Social Change, 2011, 78 (4):

690 – 702.

[87] Lee T. L., Sukoco M B. Reflexivity, stress, and unlearning in the new product development team: the moderating effect of procedural justice [J]. R&D Management, 2011, 41 (4): 410 – 423.

[88] Leenders R. A. J., Gabbay S. M. Corporate social capital and liability [M]. Boston: Kluwer Inc., 1999.

[89] Legre A. Intellectual property rights in Mexico: do they play a role [J]. World Development, 2005, 33 (11): 1865 – 1879.

[90] Lerner Tirole. Efficient patent pools [J]. American Economic Review, 2004, 94 (3): 691 – 711.

[91] Leten B., Belderbos R., Van L., et al. Technological diversification, coherence, and performance of firms [J]. Journal of Product Innovation Management, 2007, 24 (6): 567 – 579.

[92] Levitas F. E., McFadyen M. A., Loree D. Survival and the introduction of new technology: A patent analysis in the integrated circuit industry [J]. Journal of Engineering and Technology Management, 2006, 23 (3): 182 – 201.

[93] Li C., Wang X. F. High-tech enterprise cluster's innovation and isomorphism: a case study of Zhongguancun Software Park identity struggle [C]. IEEE 16th International Conference on Industrial Engineering and Engineering Management, 2009, Vols. 1 and 2, Proceedings: 646 – 650.

[94] Li X. M., Di Y B., Yu J. Q. Research on innovation performance of High – tech industries in China [C]. 2009 IEEE 16th International Conference on Industrial Engineering and Engineering Management, Vols. 1 and 2, Proceedings: 2016 – 2020.

[95] Lichtenthaler U. Open innovation in practice: an analysis of strategic approaches to technology transaction [J]. IEEE Transactioin of Engineering Management, 2008, 55 (1): 148 – 157.

[96] Lichtenthaler U. The role of corporate technology strategy and patent portfolios in low, medium – and high – technology firms [J]. Research Policy,

2009, 38 (3): 559 - 569.

[97] Lichtenthaler U. Technology exploitation in the context of open innovation: finding the right "job" for your technology [J]. Technovation, 2010, 30 (7 - 8): 429 - 435.

[98] Lichtenthaler U. Intellectual property and open innovation: an empirical analysis [J]. International Journal of Technology Management, 2010, 52 (3/4): 372 - 391.

[99] Liebowitz S. J. and Margolis E. Stephen. Path dependence, lock - in, and history [J]. Journal of Law, Economics and Organization, 1995, 11 (1): 205 - 226.

[100] Lin B. W., Chen J. S. Corporate technology portfolios and R&D performance measures: a study of technology intensive firms [J]. R&D Management, 2005, 35 (2): 157 - 170.

[101] Lin B. W., Chen C. J., et al. Predicting citations to biotechnology patents based on the information from the patent documents [J]. International Journal of Technology Management, 2007, 40 (1 - 3): 87 - 100.

[102] Lin J. Y., Lee C. C. Industrial structure and innovation: comparison of innovative performance between South Korea and Taiwan using patent data derived from NBER [J]. International Journal of Technology Management, 2010, 49 (1 - 3): 174 - 195.

[103] Ling W., Song Z. Y. Profiting from patents in the modern innovation environment: why, what, and how of patent portfolio management [C]. 2008 Proceedings of the 15th International Conference on Industrial Engineering and Engineering Management, Vols A - C: 388 - 391.

[104] Liu X. H., Buck T. Innovation performance and channels for international technology spillovers: Evidence from Chinese high - tech industries [J]. Research Policy, 2007, 36 (3): 355 - 366.

[105] Lucas R. E. On the mechanics of economics development [J]. Journal of Monetary Economics, 1988, 22 (1): 3 - 42.

[106] Lynn G. S., Reilly R. R., Akgun A. E. Knowledge management in new product teams: practices and outcomes [J]. IEEE Transactions on Engineering Management, 2000, 47 (2): 221-231.

[107] Macdonald S. When means becomes ends: considering the impact of patent strategy on innovation [J]. Information Economics and Policy, 2004, 16 (1): 135-158.

[108] Makri M., Scandura A. T. Exploring the effects of creative CEO leadership on innovation in high-technology firms [J]. The Leadership Quarterly, 2010, 21 (1): 75-88.

[109] Mansfield E. Industrial research and technological innovation [M]. Norton, New York. 1968.

[110] Markman G. D., Espina M. I., Phan P. H. Patents as surrogates for inimitable and non-substitutable resources [J]. Journal of Management, 2004, 30 (4): 529-544.

[111] Martocchio J. J., Ferris R. G. Performance evaluation in high technology firms: a political perspective [J]. The Journal of High Technology Management Research, 1991, 2 (1): 83-97.

[112] McGahan A. M. & Silverman B. S. How does innovative activity change as industries mature [J]. International Journal of Industrial Organization, 2001, 19 (7): 1141-1160.

[113] McGrath R. G., Tsai M. H., Venkataraman S., et al. Innovation, Competitive advantage and rent: a model and test [J]. Management Science, 1996, 42 (3): 389-403.

[114] Mueser R. Identifying technical innovations [J]. IEEE Transactions in Engineering Management, 1985, 32 (4): 158-176.

[115] Nakagawa M., Watanabe C., Griffy-Brown C. Changes in the technology spillover structure due to economic paradigm shifts: A driver of the economic revival in Japan's material industry beyond the year 2000 [J]. Technovation, 2009, 29 (1): 5-22.

[116] Narvekar S. R, Jain K. A new framework to understand the technological innovation process [J]. Journal of Intellectual Capital, 2006, 17 (2): 174 – 186.

[117] Noda H. Patent duration, innovative performance, and technology diffusion [J]. Information and International Interdisciplinary Journal, 2009, 12 (1): 71 – 86.

[118] OECD. Revision of high technology sector and product classifi cation [R]. 1997, OECD, Paris.

[119] Penrose E. T. The theory of the growth of the firm [M]. Oxford University Press, Oxford, 1959.

[120] Pineda F. C. The impact of stronger intellectual property rights on science and technology in developing countries [J]. Research Policy, 2006, 35 (6): 808 – 824.

[121] Pisano G. P., Verganti R. Which kind of collaboration is right for you [J]. Harvard Business Review, 2008, 86 (12): 78 – 86.

[122] Prahalad C. K., Hamel G. The core competence of the corporation [J]. Harvard Business Review, 1990, 68 (3): 78 – 95.

[123] Prajogo I. D., Ahmed K. P. Relationships between innovation stimulus, innovation capacity, and innovation performance [J]. R&D Management, 2006, 36 (5): 499 – 515.

[124] Redding S. Specialization dynamics [J]. Journal of International Economics, 2002, 58 (2): 299 – 334.

[125] Robert R. W., Kash D. E. Path dependence in the innovation of complex technologies [J]. Technology Analysis & Strategic Management, 2002, 14 (1): 21 – 35.

[126] Roger S. Commercialization of patents and external financing during the R&D phase [J]. Research Policy, 2007, 36 (7): 1052 – 1069.

[127] Romijn H., Albaladejo M. Determinants of innovation capability in small electronics and software firms in Southern England [J]. Research Policy, 2002, 31 (7): 1053 – 1067.

参考文献

[128] Roper S., Youtie J., Shapira P., et al. Knowledge, capabilities and manufacturing innovation: a USA – Europe comparison [J]. Regional Studies, 2010, 44 (3): 253 – 279.

[129] Shapiro C. Navigating the patent thicket: cross licenses, patent pools, and standard – setting [J]. Innovation Policy and the Economy, 2001, 1 (1): 119 – 150.

[130] Scherer F. M. Firm size, market structure, opportunity and the output of patented inventions [J]. American Economic Review, 1965, 55 (5): 1097 – 1125.

[131] Schmookler J. Invention and economic growth [M]. Cambridge, M. A., Harvard University Press, 1966.

[132] Schneider H. P. International trade, economic growth and intellectual property rights: a panel data study of developed and developing countries [J]. Journal of Development Economics, 2005, 78 (2): 529 – 547.

[133] Schroeder R. Best practices, productivity tools are key to higher patent returns [J]. Patent Strategy & Management, 2007, 8 (2): 1 – 5.

[134] Seo M. – G., Creed W. E. D. Institutional contradictions, praxis, and institutional change: a dialectical perspective [J]. Academy of Management Review, 2002, 27 (2): 222 – 247.

[135] Shu J. Y., Wu H., et al. The influencing factors of R&D investment of High-tech firms in Optics Valley of China [C]. MOT 2009: Proceedings of Zhengzhou Conference on Management of Technology, Vols. 1 and 2: 336 – 340.

[136] Sofka W., Grimpe C. Specialized search and innovation performance – evidence across Europe [J]. R&D Management, 2010, 40 (3): 310 – 323.

[137] Somaya D., Williamson I. O., Zhang X. M. Combining patent law expertise with R&D for patenting performance [J]. Organization Science, 2007, 18 (6): 922 – 937.

[138] Solow R. M. Investment and technical progress [A]. In: Arrow, K. J., Karlin, S., Suppes, P. (Eds.), Mathematical Methods in the Social Sciences. Stanford University Press, Stanford, 1960.

[139] Spender J. C., Grant R. M. Knowledge and the firm: overview [J]. Strategic Management Journal, 1996, 17 (special issue): 5 – 9.

[140] Stephen R. Path dependence, endogenous innovation, and growth [J]. International Economic Review, 2002, 43 (4): 1215 – 1248.

[141] Sternitzke C. Knowledge sources, patent protection, and commercialization of pharmaceutical innovations [J]. Research Policy, 2010, 39 (6): 810 – 821.

[142] Teece D J. Profiting from technological innovation: implications for integration collaboration, licensing and public policy [J]. Research Policy, 1986, 15 (6): 285 – 305.

[143] Teeee D. J., Pisano G., Shuen A. Dynamic capabilities and strategie management [J]. Strategic Management Journal, 1997, 18 (7): 509 – 533.

[144] Therin F. Learning for innovation in high-technology small firms [J]. International Journal of Technology Management, 2010, 50 (1): 64 – 79.

[145] Tidd J., Bessant J., Pavitt K. Managing Innovation: integrating technological, market and organizational change [M]. Chichester, John Wiley & Sons Ltd, 1997.

[146] Tsuji Y. S. Organizational behavior in the R&D process based on patent analysis: strategic R&D management in a Japanese electronics firm [J]. Technovation, 2002, 22 (7): 417 – 425.

[147] Utterback J. M. Mastering the dynamics of innovation [M]. Cambridge, MA, Harvard Business School Press, 1996.

[148] Verdu – Jover A. J., Llorens – Montes J. F., Garcia – Morales V. J. Flexibility, fit and innovative capacity: an empirical examination [J]. International Journal of Technology Management. 2005, 30 (1 – 2): 131 – 147.

[149] Vergne J. P., Durand Rodolphe. The missing link between the theory and empirics of path dependence: conceptual clarification, testability issue, and methodological implications [J]. Journal of Management Studies, 2010, 47 (4): 736 – 759.

参考文献

[150] Wang C. H., Chin Y. C., Tzeng G. H. Mining the R&D innovation performance processes for high-tech firms based on rough set theory [J]. Technovation, 2010, 30 (7): 447 – 458.

[151] Yam C. M. R., Lo W., Tang P. Y. E., Lau K. W. A. Analysis of sources of innovation, technological innovation capabilities, and performance, an empirical study of Hong Kong manufacturing industries [J]. Research Policy, 2011, 40 (3): 391 – 402.

[152] Yanhona L., Shou C. Studies on the competitiveness of ICT enterprises based on the evolution of dominant design [C]. Proceedings of the 4th International Conference on Innovation & Management, 2007 (1): 676 – 679.

[153] Kalanje C. 利用知识产权：超越"排他权"[EB/OL]. 世界知识产权组织网, http: //www. wipo. int/sme/zh/documents/leveraging – ip. htmJHJP8 – 89, 2010.

[154] V. K. 纳雷安. 技术战略与创新：竞争优势的源泉 [M]. 程源等译. 北京：电子工业出版社, 2002.

[155] 包桂荣. 专利制度与促进技术创新问题探析 [J]. 科学管理研究, 2002, 20 (5): 46 – 49.

[156] 曹勇, 胡欢欢. 专利保护与企业自主创新之间的联动效应分析 [J]. 情报杂志, 2009, 27 (4): 18 – 22.

[157] 曹勇, 赵莉. 企业专利管理与技术创新绩效耦合测度模型及评价指标研究 [J]. 科研管理, 2011, 32 (10): 55 – 63.

[158] 陈海秋, 韩立岩, 郑葵芳等. 发挥知识产权制度功效：基于运行机制内涵的分析 [J]. 科学学研究, 2007, 25 (S1): 80 – 83.

[159] 陈劲, 陈钰芬. 企业技术创新绩效评价指标体系研究 [J]. 科学学与科学技术管理, 2006, 27 (3): 86 – 91.

[160] 陈熙江. 企业社会绩效与经济绩效相互关系的实证研究 [J]. 软科学, 2010, 24 (9): 100 – 106.

[161] 陈欣. 制药企业的专利战略与核心竞争力研究 [D]. 昆明理工大学博士学位论文, 2007.

[162] 陈钰芬,陈劲. 开放式创新: 机理与模式 [M]. 北京: 科学出版社, 2008.

[163] 陈仲伯. 高新技术企业持续技术创新体系研究 [D]. 中南大学博士学位论文, 2003.

[164] 戴颖杰. 我国高新技术企业的知识产权保护 [J]. 兰州学刊, 2005, 25 (6): 168 - 169.

[165] 邓恒. 现代企业的专利管理——以高新技术公司为研究对象 [J]. 知识产权, 2006, 16 (4): 39 - 41.

[166] 丁重,张耀辉. 制度倾斜、低技术锁定与中国经济增长 [J]. 中国工业经济, 2009, 260 (11): 16 - 25.

[167] 董菲,朱东华,任智军等. 基于专利地图的专利分析方法及其实证研究 [J]. 情报学报, 2007, 26 (3): 422 - 429.

[168] 樊霞,朱桂龙. 基于适合度景观的企业技术创新绩效管理 [J]. 科学学与科学技术管理, 2007, 28 (10): 58 - 61.

[169] 房春红. 高新技术企业持续创新能力管理研究 [D]. 哈尔滨工业大学博士学位论文, 2008.

[170] 方刚. 基于资源观的企业网络能力与创新绩效关系研究 [D]. 浙江大学博士学位论文, 2008.

[171] 付明星,黄庆. 专利管理与成果管理在技术创新体系中的作用及政策选择 [J]. 知识产权, 2007, 17 (5): 30 - 36.

[172] 高建,傅家骥. 中国企业技术创新的关键问题: 1051 家企业技术创新调查分析 [J]. 中外科技政策与管理, 1993, 8 (1): 24 - 33.

[173] 高建,汪剑飞,魏平. 企业技术创新绩效指标: 现状、问题和新概念模型 [J]. 科研管理, 2004, 25 (5): 45 - 47.

[174] 顾文涛,王以华,李东红等. 企业制度能力的系统分析 [J]. 科学学与科学技术管理, 2008, 29 (3): 125 - 129.

[175] 顾穗珊. 高新技术成果转化及产业化理论及实证研究 [D]. 吉林大学博士学位论文, 2006.

[176] 顾金亮. 国家科技计划知识产权管理的中美比较 [J]. 中国软科

学,2004,19(6):12-17.

[177] 黄良才. 福兮祸兮——从我国通信企业角度看专利经营公司的利弊[J]. 电子知识产权,2008,18(9):19-22.

[178] 嵇登科. 企业网络对企业技术创新绩效的影响研究[D]. 浙江大学博士学位论文,2006.

[179] 姜劲,徐学军. 技术创新的路径依赖与路径创造研究[J]. 科研管理,2006,27(3):36-41.

[180] 蒋学伟. 可持续竞争优势[M]. 上海:复旦大学出版社,2002.

[181] 姜艳萍. 我国高新技术企业专利战略及对策研究[J]. 科技管理研究,2008,28(6):455-457.

[182] 寇宗来. 专利制度的功能和绩效——一个不完全契约理论的方法[D]. 复旦大学博士学位论文,2002.

[183] 李志,唐波,张庆林. 高新技术企业特征与管理对策研究[J]. 重庆工商大学学报(社会科学版),2009,2(4):45-49.

[184] 梁峻齐,阮明淑. 台湾地区专利指标应用之书目计量学研究[J]. 教育资料与图书馆学,2009,47(1):19-53.

[185] 林大器. 建立更有效的专利管理制度[J]. 台北:智慧财产权管理季刊,1998,31(19):6-7.

[186] 刘劲松. 从TDSCDMA谈我国电信企业技术标准战略的运用[J]. 软科学,2005,19(6):65-67.

[187] 刘小青,陈向荣. 专利活动对企业绩效的影响——中国电子信息百强实证研究[J]. 科学学研究,2010,28(1):26-32.

[188] 吕洁华. 高新技术企业核心竞争力研究[M]. 哈尔滨:东北林业大学,2005.

[189] 吕松. 企业可持续创新能力评价体系及应用研究[D]. 南京航空航天大学博士学位论文,2008.

[190] 马克斯·韦伯. 经济与社会[M]. 北京:商务印书馆,1997.

[191] 罗炜. 企业合作创新理论研究[D]. 上海交通大学博士学位论文,2001.

［192］彭纪生，孙文祥，仲为国．中国技术创新政策演变与绩效实证研究（1978－2006）［J］．科研管理，2008，29（4）：134－150．

［193］彭建平，谢康．企业管理制度能力评价模型及其有效性研究［J］．科技管理研究，2010，30（3）：37－40．

［194］全怀周．企业生命周期的系统管理理论研究［D］．天津大学博士学位论文，2003：5－11．

［195］芮明杰，吴嵋山．现代公司高新技术市场经营［M］．济南：山东人民出版社，1999．

［196］尚勇等．当今世界技术创新与科技成果产业化［M］．北京：科学技术文献出版社，1999．

［197］施春来．"非此地发明综合症"与研发组织活性研究［J］．科技进步与对策，2009，26（4）：5－9．

［198］时良艳．技术集成创新中的专利管理问题初探［J］．科学学与科学技术管理，2007，28（2）：28－32．

［199］孙国瑞，祁雁辉．我国企业专利管理问题研究［J］．科技进步与对策，2006，23（5）：28－30．

［200］唐中赋，顾培亮．高新技术产业发展水平的综合评价［J］．经济理论与经济管理，2003，23（10）：23．

［201］万志前．专利标准化对技术创新的影响及对策［J］．中国科技资源导刊，2011，4（1）：52－58．

［202］王萍．人力资本：高新技术企业的核心竞争要素［J］．科技进步与对策，2003，20（7）：124－125．

［203］王涛，顾新，杨早林等．我国高新技术企业知识产权管理现状、问题与对策［J］．科技管理研究，2006，26（4）：8－11．

［204］王西京，张克英，张国瑾．知识产权风险对创新绩效影响的实证研究［J］．西安工程大学学报，2009，23（4）：114－117．

［205］王西麟．高技术企业成长论［M］．广州：暨南大学出版社，1996．

［206］汪应洛，马亚男，李泊溪．培育我国中小企业持续创新能力的策

略研究［J］. 企业活力, 2002, 18 (5): 26-27.

［207］韦影. 企业社会资本对技术创新绩效的影响：基于吸收能力的视角［D］. 浙江大学博士学位论文, 2005.

［208］伍蓓, 陈劲, 吴增源. 企业R&D外包的模式、测度及其对创新绩效的影响［J］. 科学学研究, 2009, 27 (2): 302-308.

［209］吴汉东. 关于知识产权的基本制度的经济学思考［J］. 法学, 2000, 23 (4): 33-41.

［210］吴汉东. 后TRIPS时代知识产权的制度变革与中国的应对方略［J］. 法商研究, 2005, 21 (5): 3-7.

［211］向刚, 汪应洛. 企业持续创新能力：要素构成与评价模型［J］. 中国管理科学, 2004, 12 (6): 137-142.

［212］谢洪明, 吴天隆, 王成. 组织学习的前因后果：一个新的理论框架［J］. 科学学与科学技术管理, 2006, 27 (8): 161-168.

［213］谢科范, 田汉梅. 加强专利管理、促进企业发展［J］. 企业管理, 1995, 171 (11): 39-40.

［214］许冠南. 关系嵌入性对技术创新绩效的影响研究［D］. 浙江大学博士学位论文, 2008.

［215］许庆瑞. 研究发展与技术创新管理［M］. 北京：高等教育出版社, 2000.

［216］杨建君, 刘刃, 马婷. 变革型领导风格影响技术创新绩效的实证研究［J］. 科研管理, 2009, 30 (2): 94-101.

［217］杨瑾, 赵高正. 供应链中基于柔性和变革的流程管理集成框架模型［J］. 科研管理, 2005 (5): 105-114.

［218］杨谦, 苏敬勤. 论专利保护与激励给予人性化设计的技术创新——中日专利制度的比较分析［J］. 研究与发展管理, 2003, 15 (4): 83-87.

［219］尹建海, 杨建华. 基于加强型平衡记分法的企业技术创新绩效评价指标体系研究［J］. 科研管理, 2008, 29 (1): 1-7.

［220］游达明, 周勃. 我国高科技企业成长因素困境剖析［J］. 科技管理, 1999 (4): 68-75.

[221] 袁晓东,孟奇勋. 开放式创新条件下的专利集中战略研究 [J]. 科研管理,2010,31 (5):157-163.

[222] 袁晓东,戚昌文. 技术创新需要知识产权制度 [J]. 研究与发展管理,2002,14 (2):56-61.

[223] 张方华. 知识型企业的社会资本与技术创新绩效研究 [D]. 浙江大学博士学位论文,2004.

[224] 张华. 高新技术企业成长研究 [J]. 四川大学,2003.

[225] 张业军. 朗科"专利营销"何以持续 [J]. 企业科技与发展,2010,26 (5):34-35.

[226] 赵启彬. 论技术标准中知识产权滥用行为的反垄断规制 [C]. 郑成思,知识产权文丛(第12卷). 北京:中国方正出版社,2005.

[227] 赵天翔,李晓丽. 高新技术创业企业的成长性评价 [J]. 华北电力大学学报,2003,10 (1):31-34.

[228] 郑刚. 基于 TIM 视角的企业技术创新过程中各要素全面协同机制研究 [D]. 浙江大学,2004.

[229] 郑勤朴. 浅谈定量评价企业持续创新能力 [J]. 理论与现代化,2001,13 (10):34-37.

[230] 周从章. 高新技术企业特征分析 [J]. 中国高校科技与产业化,2002,12 (2):66-69.

[231] 周寄中,赵远亮,叶治明. 技术创新与知识产权联动 [M]. 北京:科学出版社,2009.

[232] 周延鹏. 一堂课2000亿:智慧财产的战略与战术 [M]. 台北:商讯文化,2006.

[233] 朱斌,王渝. 我国高新区产业集群持续创新能力研究 [J]. 科学学研究,2004,22 (5):529-537.

[234] 朱国华等. 高新技术产业化的专利、标准与人才战略 [M]. 北京:化学工业出版社,2010.

[235] 朱国军,杨晨. 基于战略资源论的企业知识产权资产管理内涵探析 [J]. 科学学与科学技术管理,2006,27 (11):161-165.